U0392524

你好，动物翻译官

赵序茅 _____ 著

带病毒的动物不可怕

SPM 南方传媒 | 广东人民出版社

·广州·

野生动物是人类的"生态长城"

地球上绝大多数的病毒对人类无害，我们的血液中流淌着病毒。从某种程度上讲，病毒在扮演基因使者的角色，它可以将自身的基因带入别的物种，可以跨越物种进行基因传递。尤为关键的是，病毒基因入侵宿主细胞带来的变化，要比其自身的基因突变快得多，这就大大加速了物种的进化历程。对人类来说，病毒仿佛一种生存压力。在这种压力之下，弱者淘汰，适者生存。为了对抗"敌人"，生命诞生了防卫系统——免疫系统。人类和病毒的最高追求并不是谁战胜谁，而是和谐相处！但是，目前来看，多种病毒短时期内是无法与人类和谐相处的，正因如此，人类还需要与病毒进行长时期的斗争。

人类目前很多疾病的病源都来自野生动物，包括冠状病毒、艾滋病病毒，等等。比如，蝙蝠是许多病毒的自然宿主，包括冠状病毒、埃博拉病毒、马尔堡病毒、狂犬病毒、亨德拉病毒、尼帕病毒等。由于蝙蝠具有特殊的免疫系统，因此它们虽携带病毒，却极少出现病症。旱獭体内含有鼠疫杆菌，是鼠疫的罪魁祸首。果子狸身上携带的细菌和病毒种类也是复杂繁多的，它们是 SARS 冠状病毒的中间宿主。天花最早的病例发现于古埃及，因此有人怀疑宿主是非洲的某种啮齿动物。

因病毒而死去的人口远远超过因战争而死去的人口。其中，就包括人类因食用或接触野生动物后感染病毒、引起瘟疫导致的死亡。近 100 年来，第一次世界大战期间，流感病毒肆虐，10 亿人被感染，死亡人数超 2000 万，其杀伤力远超过战争。2016 年，寨卡病毒爆发，仅巴西就感染了大约 150 万人，造成近 5000 例新生儿小头畸形症。

为何病毒在野生动物身上没事，在人身上却致命？

这是因为，在长期的演化过程中，病毒和宿主形成了良好的关系，但是许多病毒还没有和人类建立这种关系。新的病毒入侵后，人类的免疫系统过度反应，而蝙蝠却能和许多病毒共生，比如冠状病毒，它们不会像人类一样对冠状病毒产生强烈的免疫反应。蝙蝠体内抑制了多种触发免疫反应的信号分子，因此它们不会生病。

从动物体内的病毒到传染人类的瘟疫，它们离人类并不遥远！随着人类活动的加剧，病毒入侵人类的途径越来越多，威胁越来越大！当前，人类活动和气候变暖使得地球上物种多样性降低，导致生态系统失衡，进而引发疾病增加！野生动物就像人类与病毒之间的一座"长城"，人类食用野味这个行为，相当于拆掉了一些长城上的"砖"，将病毒大军中的一两员放了进来，仅仅是这样，人类就已经疲惫不堪；而无节制的人类活动若引发生态系统崩塌，会毁掉整座长城，一旦成千上万的病毒大军长驱直入，人类就无法承受了！

此外，人为因素导致的气候变暖可能会使封存的病毒重新复活！人类因恐惧而不去食用野味只是最低层次的反省，确保生态系统的安全才是最终的救赎！

目录

CONTENTS

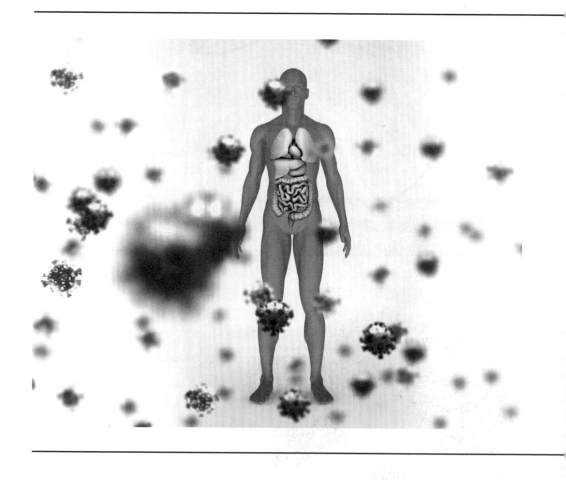

病毒探究

　　病毒一直与人相伴，虽然看不见、摸不着，它却无时无刻不在发挥作用。从本质上讲，病毒就像一台携带遗传物质的机器，它的终极目的是传递自己的遗传物质，这个任务它无法独自完成，需要找一个合作伙伴，这个合作伙伴就是"宿主"的细胞。所谓宿主就是病毒存在的载体，自然界的人和动物、植物、微生物都可能成为病毒的宿主。

什么是病毒

病毒是一台高效的遗传机器，其结构非常简单，由几种蛋白构成，这些蛋白里面包裹着病毒的遗传物质。有些病毒还有由蛋白质构成的包膜，有些则没有包膜。

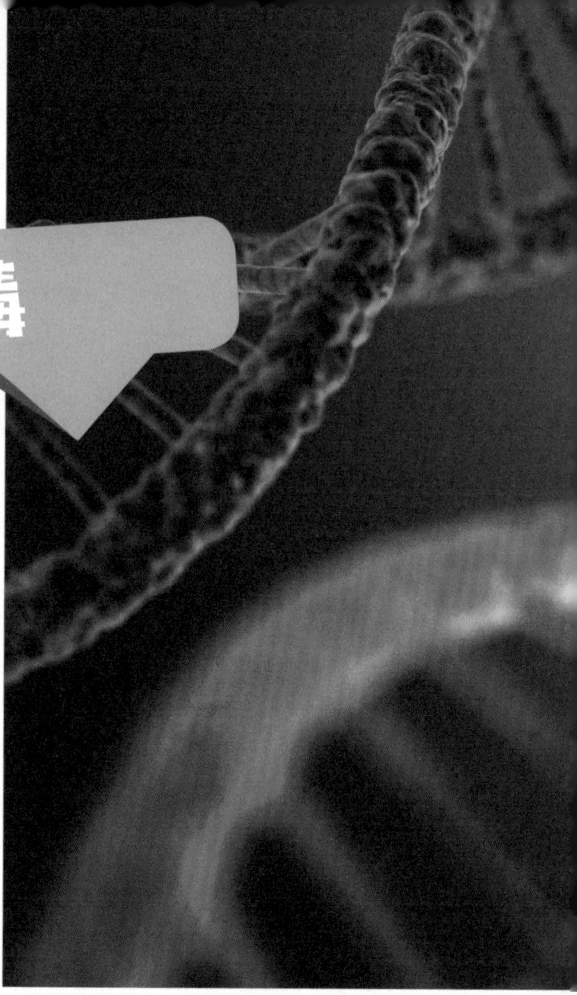

DNA 的双螺旋结构 ▶

核酸

这是病毒的指挥中枢，它决定病毒遗传、变异和对宿主细胞的感染力。不同种类的病毒，其核酸的组成不同，病毒的类型基本上可分为 DNA 病毒和 RNA 病毒。DNA 是双螺旋结构，RNA 是单链结构，举个例子，DNA 病毒就像一个麻花，而 RNA 病毒是把麻花拆开的样子。

★★★★★

RNA 是核糖核酸的英文缩写，它是存在于生物细胞及部分病毒、类病毒中的遗传信息载体，在生物体内的作用主要是引导蛋白质的合成。

DNA 即脱氧核糖核酸，它携带合成 RNA 和蛋白质所必需的遗传信息，是生物体发育和正常运作必不可少的生物大分子。

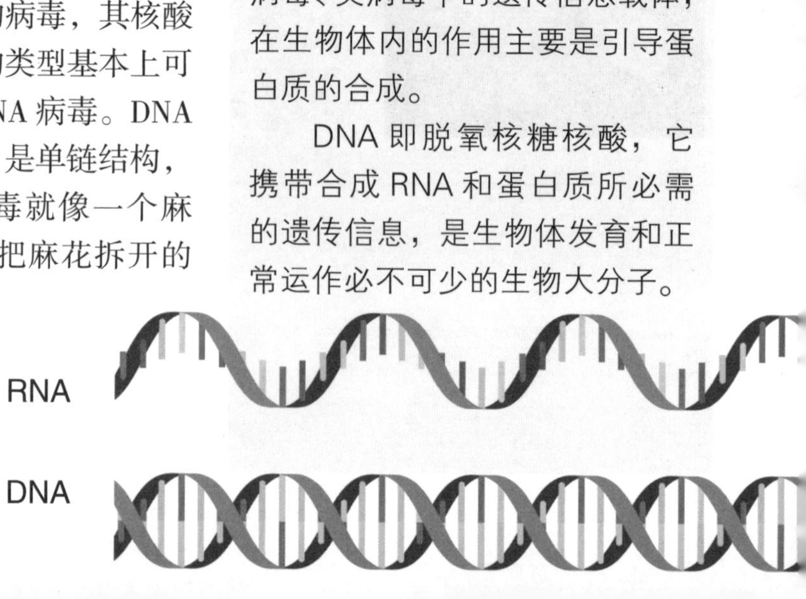

RNA

DNA

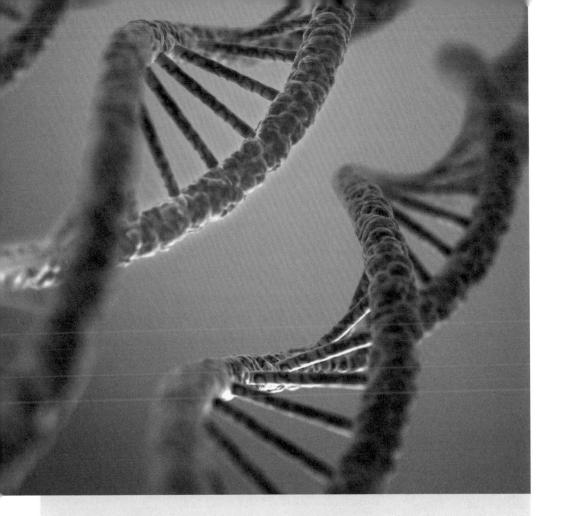

■ 蛋白质

蛋白质相当于病毒的守卫者，它的功能是保护病毒不受外界条件的影响，决定病毒感染的特异性（对谁发动袭击），病毒蛋白质本身具有致病性、毒力和抗原性。

见此图标
微信/抖音扫码
添加AI动物翻译官，
开启知识解码之旅！

■ 包膜

包膜可以看作病毒的外衣。"身穿"包膜的病毒，上面往往带有打开细胞的钥匙——一种特殊的蛋白，使得这类病毒更加可怕，如我们熟悉的艾滋病病毒（HIV）、SARS病毒、埃博拉病毒等都含有包膜。这种简单的结构，却能赋予病毒高效的生物适应性和快速的变异能力。

病毒本领大，但个头儿不大，一般的病毒大小在 0.2 微米以下，肉眼无法看到，是一种超小的超微生物。病毒之所以"人小鬼大"，在于它具备三个不一般的特征。

其一，擅长变化。我们知道孙悟空本领高强，能"七十二变"，而病毒比孙悟空还擅长变化。病毒是最简单的生命形式，由核酸分子（DNA 或 RNA）与蛋白质构成其生命形态，可发生突变以感染不同的宿主细胞。越是简单的结构，越是容易变化。

其二，病毒是"租客"。病毒没有细胞，自己无法存活，只能寄生在宿主体内，过着"寄人篱下"的生活，但病毒绝不低三下四，它们可以利用宿主的细胞系统进行自我复制，可谓是十分猖狂的"租客"。

其三，病毒是"情报员"。从生物学上看，病毒的核酸分子 DNA 和 RNA 均由 A、G、C、T 四种碱基组成。而从生物信息学看，这些核酸分子就是一个个情报员，A、G、C、T 就是它们的"暗号"，所有的命令都是由这四个字母组合发出的。

★★★★★

DNA 分子由两条很长的糖链结构构成骨架，通过碱基对结合在一起，就像梯子一样，由此形成了双螺旋结构。

A：ADENINE 腺嘌呤；

G：GUANINE 鸟嘌呤；

C：CYTOSINE 胞嘧啶；

T：THYMINE 胸腺嘧啶。

病毒根据其感染的宿主可以分为动物性病毒、植物性病毒和噬菌体。病毒的生命活动很特殊，对细胞有绝对的依存性。其存在形式有两种：一种是细胞外形式，另一种是细胞内形式。存在于细胞外环境中的病毒很脆弱，无法实现自我复制，但能够保持感染活性，以颗粒形式存在，可提纯为结晶体。当病毒以颗粒形式存在于细胞之外，只具有感染性。

病毒发现史

荷兰科学家安东尼·列文虎克 ▶

人类是从什么时候开始发现、认识病毒的呢？这要从 17 世纪的欧洲说起。

早在 17 世纪，著名的"光学显微镜之父"、微生物学的开拓者安东尼·列文虎克利用改进的显微镜发现了微生物。不过，当时的光学显微镜只能放大 150 倍左右，仅能观察到一般的细菌，再小的物质就看不到了。随着显微镜制作技术的发展，人们发现并认识到了细菌大量存在的事实。由此，微生物被认定为生物的一个门类，科学家开始用细菌来解释疾病。

早期的光学显微镜 ▲

◀ **法国微生物学家路易斯·巴斯德**

1884 年，法国微生物学家路易斯·巴斯德和学生查尔斯·钱伯兰一起发明了细菌滤膜，借助于这个工具，科学家可以截留分离液体中的大部分细菌。这项重大进展为科学家向微观世界挺进奠定了基础和信心。

1886年，德国医生、物理学家尤利乌斯·迈尔发现很多烟草患上了花叶病，花叶呈现出斑驳症状，叶片皱缩畸形。当时没有人知道为什么植株会得这种病，更不知病源在哪里。迈尔把患有花叶病的烟草植株的叶片加水研碎，取其汁液注射到健康烟草的叶脉中，发现能引起健康烟草发病，证明了这种病是可以传染的。那么传染源来自何方？紧接着，迈尔通过对叶子和土壤的分析，认为是由细菌引起的。他的发现是否正确呢？还有待于进一步验证。

▼ 患有花叶病的烟草

1892年，俄国科学家伊凡诺夫斯基重复了迈尔的试验，证实了迈尔之前对花叶病可以传染的判断。

▼ 俄国科学家伊凡诺夫斯基

科学实验的可重复性是非常重要的，但如果仅仅是重复实验，则意义不大，伊凡诺夫斯基在迈尔实验的基础上又往前进了一步。得益于当时技术条件的进步，他可以将细菌进行过滤。伊凡诺夫斯基使用了细菌滤膜，把患有花叶病植物的叶片汁液进行了过滤。如果花叶病是由细菌引发的，那过滤后的汁液便不会对健康的植株起作用。随后，伊凡诺夫斯基将过滤后的汁液注射到健康植物的体内，发现这些健康植物也患上了花叶病，这就洗刷了细菌的"冤屈"。

他怀疑是一种细菌的毒素通过了滤膜而致病，但在滤膜上收集的物质中，他未能发现相应的细菌，他认定那是一种无法培养的细菌。当时伊凡诺夫斯基还不知道病毒的概念，他认为虽然过滤掉了细菌，但是剩下的汁液里依然含有细菌分泌的毒素，他认定这些毒素是引发花叶病的真凶。他的结论是否是真相呢？

1898 年，荷兰微生物学家马丁努斯·拜耶林克也重复了一次迈尔的实验，再一次证实了迈尔的观察结果，继而也重复了伊凡诺夫斯基的实验。不过，他在两位前辈的基础上往前更进了一步。

拜耶林克把患有花叶病植株的汁液放到了琼脂凝胶块上，通过琼脂凝胶，他可以发现细菌的运动。拜耶林克看到这些细菌在不停地扩散，而有一些物质却停留在琼脂凝胶表面。他认为停留在琼脂凝胶表面的物质才是真正的致病因素。他不知道这种物质究竟是什么，但是这种物质可以通过细菌滤膜，能够在植物的细胞内进行繁殖，离开植物细胞就不能生长。拜耶林克否认了伊凡诺夫斯基的毒素致病说，而把这种物质描述为"传染性活液"，后来将其称为"过滤性病毒"。至此，拜耶林克找到了花叶病的"元凶"——病毒，"病毒"一词也渐渐发展为现代含义，拜耶林克也因为发现和描述病毒而被载入科学史册。

★★★★★★

"病毒"一词在拜耶林克提出之前也是存在的。或许你在一些书中会看到，18 世纪末，"免疫学之父"爱德华·詹纳就提到了"病毒"这个概念。不过此病毒非彼病毒，那个时期，病毒指的是含毒、能致病的物质，如同毒药、毒素，和现代生物学的病毒并不是一回事。

1935 年，美国生化学家温德尔·斯坦利从烟草花叶病病叶中提取出了病毒结晶，证实这种结晶具有致病力，这项成果揭示了病毒能通过细胞遗传的反应机理，推动了病毒学的研究，斯坦利于 1946 年获得了诺贝尔化学奖。

▼ 诺贝尔化学奖奖章

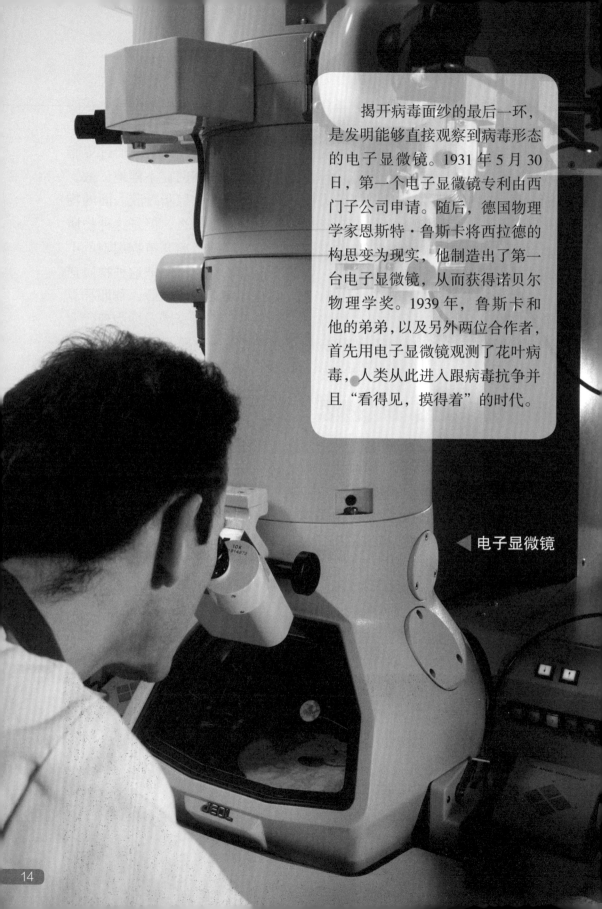

揭开病毒面纱的最后一环，是发明能够直接观察到病毒形态的电子显微镜。1931 年 5 月 30 日，第一个电子显微镜专利由西门子公司申请。随后，德国物理学家恩斯特·鲁斯卡将西拉德的构思变为现实，他制造出了第一台电子显微镜，从而获得诺贝尔物理学奖。1939 年，鲁斯卡和他的弟弟，以及另外两位合作者，首先用电子显微镜观测了花叶病毒，人类从此进入跟病毒抗争并且"看得见，摸得着"的时代。

◀ 电子显微镜

病毒的形态与起源

一代代的科学家们为我们揭开了病毒的真面目，可是这病毒究竟长什么样呢？

原来，病毒也是一个大家庭，和动物、植物一样，不同的病毒长相不一样，而且可谓千差万别。动物病毒有球形、卵圆形和砖形等；植物病毒有杆状、丝状、球状等；噬菌体有蝌蚪状、丝状等。

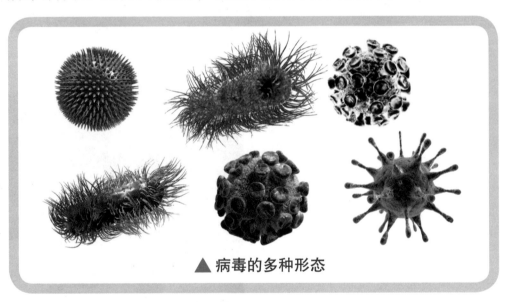

▲ 病毒的多种形态

动物病毒、植物病毒，顾名思义，比较容易理解，那么噬菌体又是何方神圣？

这噬菌体指的是一类以感染细菌为主的病毒，在病毒大家庭中可谓"强者"一般的存在。

其一，这家伙长得很"科幻"。我们日常见到的许多物体是4面体、6面体，现在，你可以在脑海中想象一个24面体，那是噬菌体的"头部"，通常，噬菌体的头部下面还有一个长长的"大尾巴"，尾巴上面还长有一些腿状纤维，它们就是这么个怪模样。

其二，它们数量极其庞大。庞大到什么程度呢？你可以伸出你的

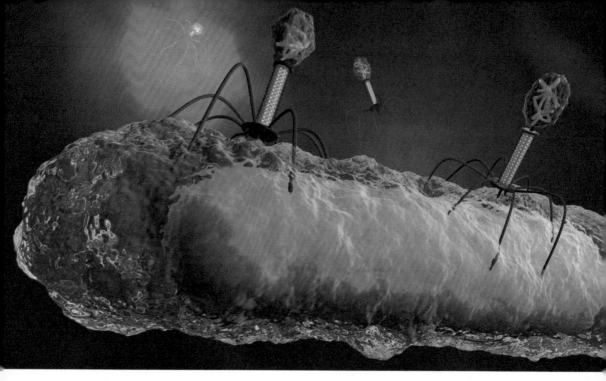

▲ 噬菌体正在攻击细菌

手掌，此刻上面就有上亿个噬菌体，当然，如果没洗手的话，数量可能更多。

其三，杀伤力极强。这家伙整日"杀杀杀"，不过它杀的大多数是细菌。当噬菌体找到猎物，会用针管状的尾丝刺穿细菌的表皮，控制细菌的指挥中枢，将其改造成"超级工厂"，专门生产噬菌体"自己"。近些年来，噬菌体正在被人类"招安"，为人所利用，用于治疗一些细菌性疾病。

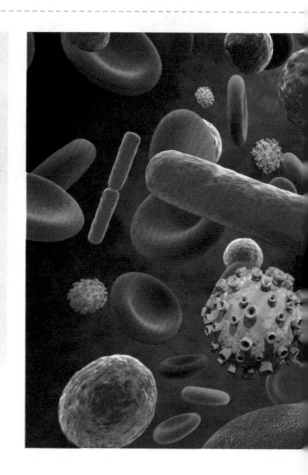

这么多种病毒，是从哪里来的呢？

关于病毒的起源，目前有三个学说：退化假说、进化假说、病毒先于细胞起源假说。

退化假说（外源性假说）

该学说认为病毒是由远古的细胞退化而来的。现在的细胞中有一个重要的组成成分叫线粒体，它是由远古细菌共生到细胞质中形成的。由于远古细菌长期在细胞内繁衍，它的很多功能和宿主细胞重复，为了节约能量，宿主能提供的功能，寄生体就没必要提供了。因此远古细菌不再携带相关基因了，多余的功能慢慢退化，简化成了现在的病毒颗粒。

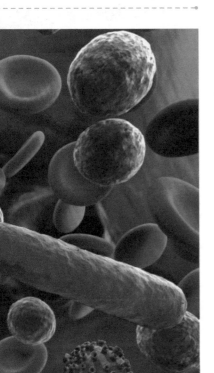

进化假说（内源性假说）

和退化起源学说不同，进化假说认为病毒不是外来的，它们本来就是细胞内的成分，因为一个偶然的机会，细胞内的成分进化出了自主复制的能力。

病毒先于细胞起源假说

该学说认为，病毒既不是远古细菌退化而来的，也不是细胞内的成分进化而来的，而是来自原始的 RNA 大分子。RNA 分子自身本领很强，本身的能力和病毒很接近，比如它具备核糖核酸。

这三种病毒起源假说各有各的道理，也各有各的不足，究竟病毒来自何方，目前科学家们尚在探索中。

病毒与细胞之战

白细胞吞噬病毒 ▶

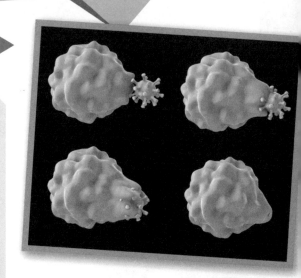

病毒和细胞之间的关系很复杂，既存在你死我活的斗争关系，也存在和平相处的友好关系，还有互相合作的伙伴关系。

病毒就像"租客"一样，它需要借助"房东"细胞存活。通常，每种病毒寄生在专属的细胞中，它们安土重迁，不会到处流窜。但是，当病毒离开原始的宿主，重新"租房子"的时候，它和"房东"细胞就可能存在你死我活的斗争。

病毒的终极目的是入侵细胞，让细胞为其服务，以制造更多的病毒；而细胞通过一系列的机制来防止病毒的入侵。二者之间如同军备竞赛，每当病毒出现变化，身体的免疫系统（包括免疫细胞）就会开发出新的防御机制，可谓"魔高一尺，道高一丈"。

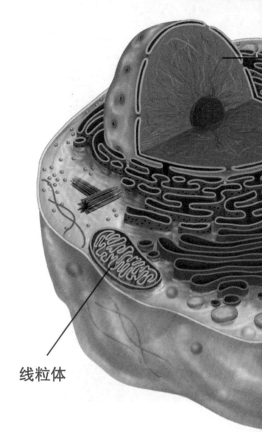

线粒体

我们的身体就像一个大型工程，在这个大工程中，细胞及各类物质各司其职。

发动机：线粒体是细胞的发动机，给细胞带来能量；

快递员：马达蛋白将细胞所需要的养分和物质，通过细胞内特殊的轨道运送到细胞的每一处地方；

卫士：白细胞拥有敏锐的嗅觉和快速的行动力，吞噬入侵体内的各种细菌和病毒；

联络员：细胞间通过激素等信号物质进行信息的交流；

司令部：细胞核用来指示细胞如何工作。

而病毒作为入侵者之一，它们的终极目的是入侵到细胞内，让细胞为其服务，复制更多的病毒，壮大自己的家族。病毒突破细胞的重重防线，入侵细胞核。但凡有一个病毒进入细胞核，就能控制整个细胞，并在细胞内繁殖。

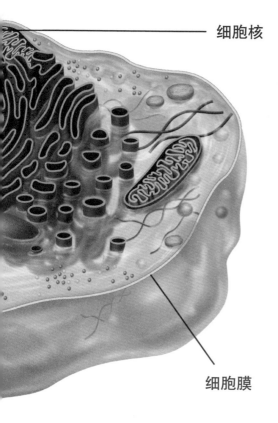

细胞核

细胞膜

"战争"开始，病毒在入侵人体细胞的过程中会遇到层层阻挠、节节抵抗。

第一道防线："防御长城"——皮肤

皮肤是人体的第一道防线，可以非常有效地抵挡病毒的入侵。正常情况下，病毒无法攻破皮肤这道防线，因而它们会选择薄弱环节。所谓的薄弱环节就是人体的开放系统，比如眼睛、嘴巴、鼻子。因此防范病毒仅仅戴口罩是不够的，还需要防护眼镜。

第二道防线："野战部队"——抗体和白细胞

如果病毒突破了第一道防线，之后便会开始与我们的细胞短兵相接，人体内的大战正式开始。当病毒接近细胞时会受到抗体的全力阻击。抗体类似于军队或警察，是一种 Y 形蛋白质，它们在细胞之间来回巡逻，可以识别外来入侵者。一旦识别出入侵者，抗体会将病毒"铐住"，之后带给白细胞，成为白细胞的盘中餐。抗体和白细胞联手，组成了人体免疫系统的第二道防线。

第三道防线："细胞城墙"——细胞膜

如果抗体和白细胞依旧没能阻止病毒的进攻，或者部分病毒蒙混过关，接下来的就将是病毒的"攻城之战"。这个城就是细胞，城墙就是细胞膜，也是细胞的皮肤。每个细胞膜都是个动态保护层，如同有守城士兵掌管城门一般，细胞也有各类物质的专属通道，不得乱来。一些小分子，如蛋白质、水、氧气，可以自由进入细胞膜；大一些的分子，例如糖，则必须通过专用泵进入细胞；更大的分子若想进入细胞，必须有"令牌"，否则就会被拦下，大多病毒就属于这种情况。可是，经过长期的演化，一些病毒可以伪造进城的令牌，细胞膜表面的守城士兵被欺骗，病毒大军就会攻破城墙，潜入细胞内部。

第四道防线："内城"——核内体

一旦病毒进入细胞内部，它首要的目标就是攻占细胞的"司令部"——细胞核，然后以司令的身份发出命令，让整个细胞为自己服务。病毒一旦混进细胞内部，细胞会误以为是重要营养物，会指示特殊的蛋白质汇聚成一个球体，将病毒包裹在内，继而运入细胞核。不过，此刻细胞还没有完全沦陷，有第四道防线依然进行着最后的抵抗。

细胞会把接收到的所有物质送到一个叫核内体的分拣站，核内体对进入细胞的物质进行加工，并决定将它们运往细胞的哪个部位。此过程的第一步就是将这些物质分解，这个过程便可以把病毒侵蚀。分拣站内配有专用的蛋白质泵，类似于运输车，泵吸入特殊原子，使核内体内部呈酸性，酸将大分子营养物分解为小分子，从而便于细胞对其进行运输和利用。当酸侵蚀掉病毒的衣壳，病毒就开始被分解了，因而无数病毒在逃离前就会被酸侵蚀。

但仍有一些病毒可以见招拆招，以腺病毒为例，腺病毒纤维被酸分解之后，会释放出一种特殊蛋白质，将自己黏附于分拣站内壁，将壁膜撕开，释放病毒。

如果病毒能突破人体内的四道防线，成功控制细胞核，便会释放出自己的DNA密码，从而让整个细胞按照自己的指示进行生产、复制。细胞开始盲目地生产病毒，仅一天之后，病毒就能取得全面控制权，随着正常给养的停止，细胞开始衰败。

病毒进入人体两天以后，细胞核成为病毒大军的避风港和司令部，细胞核外的蛋白质工厂在病毒指示下，开始制造破坏性蛋白。第一种破坏性蛋白被释放到衰败的细胞中，专门攻击细胞骨架。这次攻击是灾难性的，失去骨架的支撑，细胞开始塌陷。此时，病毒又将注意力转向核膜，并释放出第二种破坏性蛋白，它钻入核膜，并将其削弱，细胞核再也无法容纳激增的病毒，细胞核之外已是一片废墟。至此，细胞已无回天之力，病毒像洪水般涌向周围的组织，攻击临近的细胞，并将感染扩散到全身。

病毒大量复制并释放▶

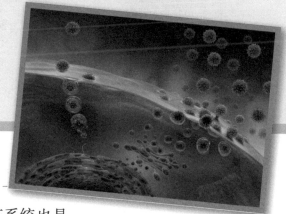

然而战争并没有结束，人体免疫系统也是有一套策略的，会进行绝地反击。

策略一：呼叫援军——巨型白细胞紧急集合

当病毒攻陷细胞的最后一刻，垂死的细胞会向人体发出最后的求救信号。人体内的巨型白细胞接收到信号之后，迅速向被侵略的细胞聚集，吞噬逃逸的病毒。此刻，人体的免疫系统开始进入战备状态，所有的活动都要服从"抗战"。负责生产抗体的细胞将生产出专门针对这种病毒的抗体，涌入血液和细胞间隙，拓展防线。当病毒从濒死的细胞中涌出时，它们会被抗体标记，然后被白细胞消灭。为保万无一失，白细胞会吞噬附近所有可能被感染的细胞。与此同时，周围的健康细胞也做出伟大的牺牲，毁灭自己，以阻止病毒的传播。因此，病毒对人体的伤害不在于它能杀死多少正常的细胞，而是免疫系统为了对抗病毒，往往需要做出"杀敌一千，自损八百"的举措。

抗体

▲ 抗体

策略二：巩固军备——
细胞形成记忆

前线的白细胞在和病毒作斗争，身体的后勤补给也在紧急调动。加速的血流将更多白细胞送抵战场。一旦被一种病毒感染过，细胞便会形成记忆，对付该病毒抗体的白细胞将永远保留在身体内。如果身体再次感染同种病毒，免疫系统会知道如何应对，知道应制造哪种抗体，并可迅速做出反应。

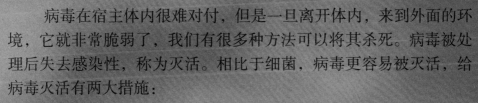

病毒在宿主体内很难对付，但是一旦离开体内，来到外面的环境，它就非常脆弱了，我们有很多种方法可以将其杀死。病毒被处理后失去感染性，称为灭活。相比于细菌，病毒更容易被灭活，给病毒灭活有两大措施：

1. 物理灭活

①多数病毒耐冷不耐热，在55℃~60℃的温度环境下，病毒的衣壳蛋白能够发生变性，从而失去感染能力，有囊膜的病毒比裸露病毒更不耐热。即使是在哺乳动物的正常体温（37℃~38.5℃）下，也可能使某些病毒灭活。

②多数病毒在 pH 值 5.0 以下或者 pH 值 9.0 以上容易灭活。但各种病毒对酸碱的耐受能力有很大不同。如肠道病毒在 pH 值 2.2 的环境中，其感染性可保持 24 小时；披膜病毒在 pH 值 8.0 以上的碱性环境中仍能保持稳定。因而，病毒体的稳定性常被作为病毒鉴定的指标之一。

③电离辐射中的 γ 射线和 X 射线，以及非电离辐射中的紫外线，都能使病毒灭活。

pH 值又称为酸碱值，是化学上用以衡量液体酸碱性比值的表示符号。pH 值以 0~14 的数字来显示。常温（25℃）下，7 为中性；数字越大，碱性越强；数字越小，酸性越强。

2. 化学灭活

很多种化学试剂都可灭活病毒，如苯酚、甲醛、β‐丙内酯、乙酰基乙烯亚胺，等等。有包膜病毒对脂溶剂非常敏感，乙醚、氯仿、丙酮、阴离子去垢剂（如脱氧胆酸钠）等均可使有包膜病毒快速灭活。病毒对各种氧化剂、卤素、醇类物质敏感，过氧化氢、高锰酸钾、过氧乙酸、次氯酸盐、乙醇、甲醇等均可灭活病毒。

这些名称、种类繁复的化学物质，有一些其实是我们日常生活中常见、常用的。比如乙醇，也就是俗称的酒精，75% 浓度的医用酒精对部分病毒有灭活作用；次氯酸盐通常是"84 消毒液"的主要成分；此外，漂白粉也广泛用于多种场所消毒，它是氢氧化钙、氯化钙、次氯酸钙的混合物。

值得一提的是，病毒对抗生素不敏感，因此用抗生素进行病毒灭活是无效的。

人类对病毒的利用

　　并不是所有病毒都是有害的，在地球生态系统中,病毒发挥着"清道夫"的作用。在每升海水中，含有 1000 亿个病毒颗粒。病毒每天杀灭海洋近半数的细菌，释放出大量的碳元素，供其他生命使用。

　　病毒不单单是带来痛苦、疾病以及死亡，也为人类知识结构的发展立下了汗马功劳。病毒在生物医学、纳米技术、物理以及化学研究方面引起了广泛的关注。自然界中仍然存在许多不为人知的病毒，对其优异特性的认识有助于解决我们人类面临的一些科学难题。通过对病毒的深入认识，其很多特性可以为我们所用。

1. 病毒可以促进物种的进化

　　病毒具有极大的杀伤力。但不是所有的病毒都是有害的，病毒在物种的进化中发挥着不可或缺的作用，它的存在大大加速了物种进化的历程。病毒还是"基因快递员"，将外源基因整合到细胞中。

　　从本质上讲，病毒就是一个可移动的遗传单元，可以与细胞进行基因交流。当病毒的基因渗入细胞基因中，可造成两种截然不同的影响：一是宿主细胞的基因失活，病毒基因取而代之，这种情况下可导致宿主细胞受损；二是病毒基因深入细胞后，不仅没有损害细胞，反而使其优先生存，渗入病毒基因使得原来的基因发生差异，差异是进化的先决条件，这就大大加速了进化的脚步。

病毒基因运动的方式及场所与宿主细胞完全一致，且依赖细胞并进化。病毒基因组的一大优势在于，它独立于细胞基因组，可以自由出入，还可以跨物种传播。从某种程度上讲，病毒基因是"基因使者"，它可以将自身的基因带入别的物种，可以跨越物种进行基因传递，当代的"转基因技术"便是利用了这一点。而且，病毒基因入侵给宿主细胞带来的变化，要比其自身的基因

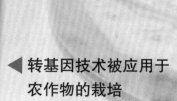

◀ 转基因技术被应用于农作物的栽培

突变快几十个时间数量级，这就大大加速了物种的进化历程。当病毒带入的基因对物种发展有利，这个物种就得到发展与快速进化；相反，这个物种可能就消失了。当然，病毒的作用不是永恒的，当物种的免疫系统发挥作用，病毒也就渐渐得到抑制。

2. 利用病毒制造靶向药物

病毒是一台高效的传递遗传物质的机器。一般来说，病毒可以有效地渗透宿主的防御机制而在其体内自由穿梭，可以精准地识别其感染的目标细胞或者细菌。在识别到目标细胞或者细菌后，病毒通过胞吞或者膜融合的方式将其所包含的遗传物质注入目标细胞或者细菌内部，并利用目标细胞或者细菌的各种原料进行复制组装，在短时间内产生大量的复制体。

可以想象，如果将病毒包含的固有遗传物质用特定的基因片段或者药物替换，然后利用病毒的高效运载能力和靶向识别能力，就可以将基因片段或者药物传递到特定的病症部位的特定细胞内部。这种特性在基因传递修复治疗复杂疾病、靶向药物传输治疗癌症等方面引起了广泛关注。植物病毒被认为对人体无害，因而近几年，科学家们开始研究一些靶向药物，基于除掉遗传物质的植物病毒类似颗粒。

此外，噬菌体病毒感染特定的细菌菌株，通过消耗其物质，以及大量繁殖后破壳而出，导致细菌死亡，这种特性正是病毒用于抗菌的原理，可以为人类所用，用噬菌体替代抗生素杀死致病细菌（噬菌体疗法）。

3. 利用病毒制造疫苗

疫苗可以说是人类对病毒的最好利用方式，根据对病毒的改造，疫苗可以分为三种形式：

①减毒活疫苗

目前，科学家们已经成功"抓获"了那些名为新冠病毒的"不法分子"（种子毒株的分离），但是并没有立刻消灭它们，而是将它们圈养在实验室创造出的适宜环境中，让它们不停地繁衍后代。然后，科学家们从其后代中精心挑选出那些老弱病残的，它们和最初的"罪犯"长相基本相同，但是因为体力不支或者"缺胳膊少腿"，毒力下降，没法像其他病毒那样"杀人放火、为所欲为"。这些老弱病残的病毒便是减毒活疫苗。

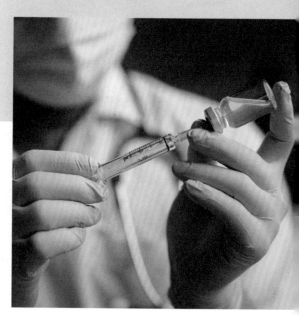

减毒活疫苗是最经典的疫苗制备方法，最早的减毒活疫苗是法国微生物学家路易斯·巴斯德发明的狂犬疫苗，其制备方法沿用至今。减毒活疫苗使用毒力降低的毒株制备，抗原性高。其在体内能够增殖，长时间和机体细胞发生作用，诱导较强的免疫力，激发起机体良好的免疫反应，保护效果好。但是减毒毒株的筛选比较困难、耗时，并且减毒毒株在体内有恢复毒力的风险，弄不好容易"引狼入室"。

②灭活疫苗

不再进行挑选，直接把病毒干掉，使其丧失活力。用甲醛处理等合适的手段对病毒进行灭活就能得到灭活疫苗，又称为死疫苗，制备方法简单、快速，且因毒力的丧失，具有很高的安全性。但是，死疫苗失去了致病、扩增的能力，进入人体以后不能生长繁殖，对人体刺激时间短，产生的免疫力不高，想要得到高且持久的免疫力，必须多次重复接种。

③ mRNA 疫苗

科学家通过全基因测序技术，得到病毒的全长基因序列，再依照病毒的全基因组序列，制造出假病毒。假病毒的 mRNA（信使核糖核酸）进入宿主细胞后，表达出特定的病毒蛋白，成为免疫细胞识别的关键。因为不含有病毒的任何蛋白成分，此种疫苗安全性很高。但是，mRNA 并不稳定，在递送至细胞的过程中很容易降解，递送方法有待优化；mRNA 本身也具有免疫原性，能够引起机体的免疫应答（是机体针对 mRNA 这个物质的免疫应答，而不是我们所希望的机体针对病毒的免疫应答），这可能会诱发人体产生强烈的免疫反应，引起炎症等不适的情况。

▲ 18 世纪初，瘟疫期间穿着防护服的医生

人类与病毒

　　人类与病毒导致的疾病和瘟疫进行了漫长的斗争。

　　2400 多年前的"雅典瘟疫"，使古希腊雅典与斯巴达发生的战争因军民染疾而告终；公元 541 年在非洲埃及的尼罗河口发生的鼠疫，越地中海而席卷东罗马帝国，入侵欧洲，造成当年鼠疫地区 25% 的人口死亡；公元 1348 年，鼠疫袭击英国，之后断断续续延续了 300 多年，蔓延开来，令欧洲十室九空，死亡 2500 万人，亚洲死亡 40 万人；1918 年的大流感也使全世界数千万人失去了生命。

　　中国历史上也有人类和瘟疫斗争的详细记载，曾经影响中国的瘟疫有麻风病、痢疾、鼠疫、霍乱等。中国最早见于历史记载的瘟疫是殷商时期（公元前 1066 年左右）的麻风病；公元前 674 年（鲁庄公二十年）齐国曾发生痢疾；公元前 554 年（周景王元年）发生了霍乱等瘟疫。进入公元以来，有记载的较大规模的瘟疫达 200 余次。近百年来，随着旧瘟疫的消失，又出现了新的瘟疫。

西方曾有许多以瘟疫为主题的画作 ▲

天花的终结

天花是由天花病毒感染人引起的一种烈性传染病，是古老且病死率极高的传染病之一，传染性强，病情重，没有患过天花或没有接种过天花疫苗的人，均能被感染，主要表现为严重的病毒血症。

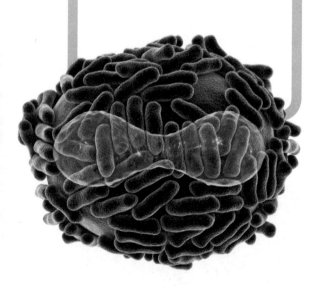

▲ 天花病毒

早在公元前 1145 年就有天花疾病杀死埃及法老的记录。天花在地球上存在了至少 3000 年，先后夺走了约 5 亿人的生命，是极度令人恐惧的疾病之一。天花对人类政治与历史的影响既深且广，我国清朝的顺治和同治皇帝都死于天花，英国女王玛丽二世、俄国沙皇彼得二世和法国国王路易十五也都是因染上天花而亡的。

天花对印第安人的伤害是一场人祸。15 世纪末，欧洲人踏上美洲大陆时，这里还居住着 2000~3000 万原住民，约 100 年后，原住民人口仅剩不到 100 万人。这是因为，1507 年前后，天花病毒随着一个患病的黑人奴隶被带到了美洲，从此开始在美洲大地上肆虐，导致大量的印第安人死亡。很多资料记载了殖民者故意向印第安人传播天花的丑行。例如，英国人在加拿大地区的扩张无法推进时，就假装与印第安人议和，把天花病人沾染过的枕头、被子作为礼物送给印第安人。

要说 20 世纪人类医学的伟大成就，消灭天花绝对是值得大书特书的一项。以种牛痘防治天花是英国医生爱德华·詹纳（1749—1823）的功劳，詹纳也因此被奉为"现代免疫学之父"。

爱德华·詹纳 ▶

▲ 詹纳医生为婴儿接种疫苗
预防天花

疫苗的出现，令天花变得不再可怕。直到 1977 年，索马里的一位天花患者成为最后一个已知的天花自然病例，人类终于用天花疫苗完全控制住了天花病毒的传播。1979 年 10 月 26 日，联合国世界卫生组织（WHO）在肯尼亚首都内罗毕宣布，全世界已经消灭了天花，并且为此举行了庆祝仪式。从此，困扰了人类长达几十个世纪的可怕疾病就此被终结。

由于天花是烈性传染病，天花病毒的保存与传代给研究人员造成了一定的危险。随着天花病毒全序列的测定，科学界就"是否要完全销毁天花病毒"产生了争论。一方认为，人类已经足够了解天花病毒，应该销毁。另一方则认为应该继续保存。其中，香港大学的金冬雁教授认为，人类不应该销毁最后的天花病毒，理由如下：

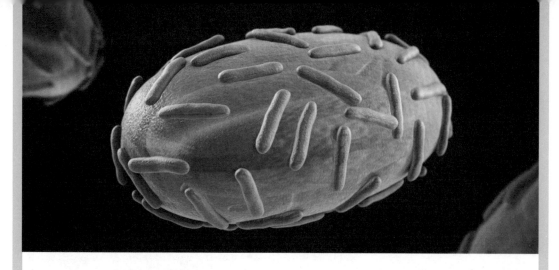

第一，虽然研究天花病毒要面对风险，但严格遵照规程操作，意外的风险可以减到最低。天花病毒目前保存在俄罗斯和美国的研究机构里，泄漏到外界的可能性微乎其微。1918年大流感中杀人无数的高致病性流感病毒，尚且要从深藏于阿拉斯加冻土中的死难者中测出核酸序列，然后重建出病毒来进行研究，相比之下，要将现成的天花病毒销毁，实在甚为可惜，弊大于利。

第二，测定了天花病毒的基因组序列，不等于人类已经了解天花病毒的奥秘。现在销毁全部毒株，等于完全放弃了了解和验证天花病理机制的机会。销毁天花病毒具有不可逆性，以目前的技术，若想要在销毁之后重新研究，仅根据序列并不能重建有毒力的天花病毒。

第三，天花病毒属于痘病毒，有关痘病毒的致病性，将来可能出现的突发情况，以及天花病毒可能的用途，没有人可以准确预料。被称为"世纪瘟疫"的艾滋病病毒，都可以改建成人类基因治疗的载体，而且具备其他逆转录病毒所没有的优点，谁敢断言，天花病毒经过改造就不能造福人类呢？

★★★★★★

逆转录病毒，也叫反转录病毒，是一种 RNA 病毒，也就是说，这种病毒的遗传信息储存在 RNA 上。这类病毒中有许多我们熟知的，包括艾滋病病毒、丙型肝炎病毒、乙型脑炎病毒、流感病毒、脊髓灰质炎病毒、登革热病毒、烟草花叶病毒、SARS 病毒、MERS 病毒、埃博拉病毒、马尔堡病毒和新型冠状病毒，等等。

可怕的流感

流感是一种古老的疾病，是威胁人类生存的一种瘟疫，早在古希腊时代，在医生希波克拉底的著作中就有类似流感症状的记载。流感是人类史上危害极大的传染病之一，流感大流行最早的记载是在 16 世纪。在距今的百余年间，又发生过 4 次大规模的流感：甲型流感病毒分别在 1918 年、1957 年、1968 年和 2009 年 4 次引起了全球性流感大流行，严重危害人类健康，对人类社会发展造成了很大的冲击。

次流感大流行也成为人类历史上的灾难。在 1918 年，中国也发生了流感，农村发病率高于城市，有些村庄半数以上的人发病，约十分之一的人死亡。

其中，1918 年的流感大流行造成了全球数千万人死亡。

这次流感大流行发生在 1918—1919 年，由类似猪流感病毒而引起。这次流感大流行，正值第一次世界大战，而因流感死亡的人数，比因战争死亡的人数还要多，且青壮年病死率最高。因而，这一

正是由于流感的爆发，第一次世界大战得以提前结束。1918 年，美国堪萨斯州的一处军营里，不少士兵开始出现了感冒的常见症状，但并未引起美国军方的高度重视，这导致

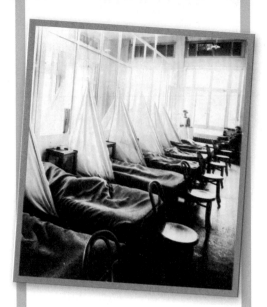

▲ 1918 年大流感夺去了许多人的生命

流感的全称是流行性感冒，跟我们常说的"感冒"并不是一回事。打个不恰当的比方，如果流行性感冒是大老虎，那感冒也就相当于一只小飞虫。流感病毒是一种特殊的病毒，这种病毒有可能会引起极为严重的临床表现——肺炎，重症肺炎有可能会致人死亡，流感病毒肺炎的致死率高达 9%。流感病毒通过呼吸道传播，传播速度很快，新亚型出现后，几个月内可横扫全球。在流感流行年份，死亡率明显升高，婴幼儿、年老体弱者或慢性病患者往往死于流感或流感的并发症，尤其在季节转换之时，流感总是侵袭免疫力低下的老人、孩子及过敏体质者。

这一疾病迅速在多个国家传播开来，不仅远播到了欧洲，就连亚洲国家也未能幸免。据不完全统计，当时处在战场上的 20 万英军、40 万法军和 50 万德军，无一例外地感染了此病，而百分之十的致死率让军队上下人心惶惶。不得已，奥匈帝国首先将陆军从战线撤下，对手也纷纷效仿，避免全线崩溃。最终，由于缺乏足够兵员作战，第一次世界大战就这样草草收场了，军队中因这场疾病而丧生的具体人数至今没有结论，不过可以肯定的是，该病使得全球至少有 2500 万人丧命，甚至连西班牙国王也未能幸免。

现今人类所有的流感病毒都来自禽类。禽流感病毒属甲型流感病毒，目前学界普遍接受野生水禽是甲型流感病毒的自然宿主这一观点，而甲型流感病毒可能通过基因突变、进一步适应或重组而打破种间限制，发生人感染，实现跨种传播。

▼ 流感病毒

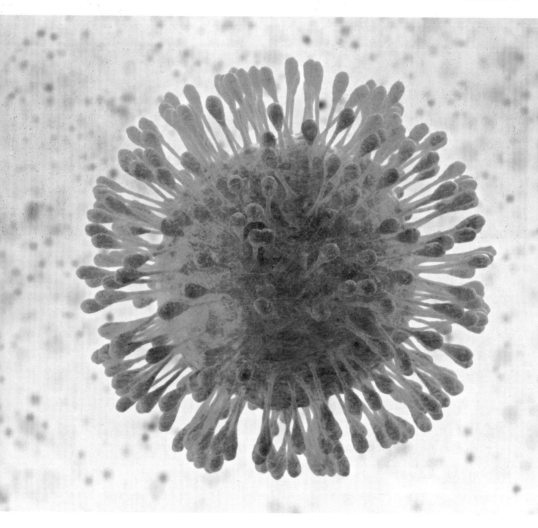

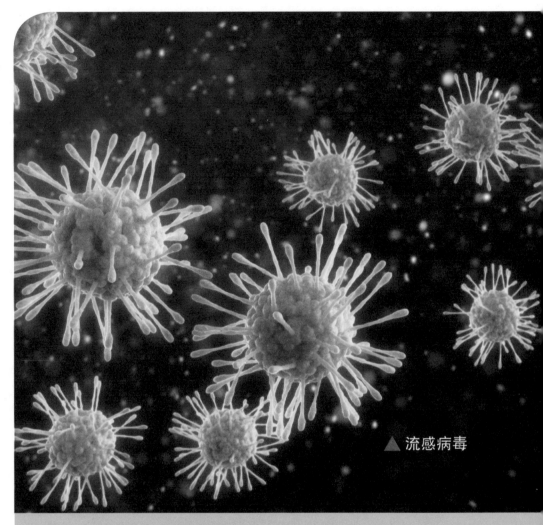

▲ 流感病毒

根据病毒与宿主细胞相互作用的过程，发现禽流感病毒如H7N9亚型的跨种传播包括三要素：

①流感病毒对细胞受体的特异性识别

H7N9禽流感病毒必须对人细胞特别是呼吸道上皮细胞表面的受体有一定的吸附能力。人细胞的受体就相当于"锁"，H7N9禽流感病毒只有先打开细胞之锁，才有可能进行传染。

②流感病毒拮抗宿主的限制和免疫反应

病毒进入细胞后必须克服细胞天然免疫力的限制，病毒拮抗宿主细胞的限制和免疫反应是病毒进行繁殖的关键。

③流感病毒在宿主中的适应性和复制

病毒必须利用宿主的体系进行复制、转录和翻译，季节性流感病毒已经适应了人类细胞的体系。

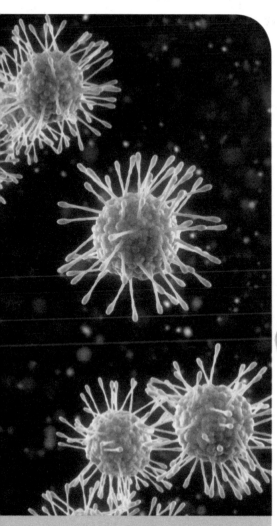

只有满足这三个条件，禽流感病毒包括 H7N9 亚型才能跨种感染人类并进行传播。流感病毒是我们人类有办法治疗的病毒。在感染病毒之前，我们也可以进行预防。一百年前，当人们认识到这是传播性的疾病时，就知道要戴上口罩了，也就是说当一个地方发生流感疫情的时候，戴口罩是非常重要的。另

外，流感流行期间，洗手也相当重要，预防所有的呼吸道传染病都要勤洗手，因为流感病毒不但通过空气进行飞沫传播，也会附着于手上，很容易通过手接触到眼、鼻、口等位置。

而 H7N9 禽流感病毒的复制酶体系需要通过一定的适应性突变，才能在人类细胞中繁殖和复制。

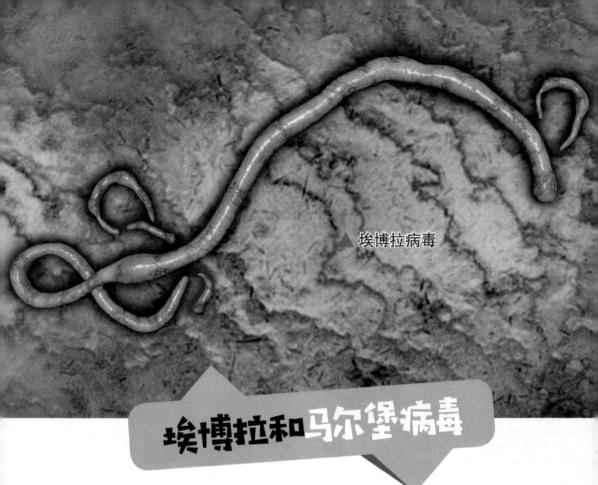

埃博拉病毒

埃博拉和马尔堡病毒

2014年，埃博拉病毒疫情在西非地区爆发。埃博拉病毒是一种烈性传染病病毒，病死率在70%以上，对全球公共卫生安全造成严重威胁。埃博拉病毒可导致埃博拉出血热，人一旦罹患此病，严重者可致死。它可导致不同程度的恶心、呕吐、腹泻、肤色改变、全身酸痛、体内出血、体外出血、发热等，症状与同属纤维病毒科的马尔堡病毒极为相似。埃博拉病毒具有50%~90%的致死率，致死原因主要为中风、心肌梗死、低血容量休克或多发性器官衰竭。

绝大多数病毒呈颗粒状，而埃博拉病毒呈长短不一的线状体，具有极高的传染性，对人类危害极大，由于特有的生物学性质和致病力，这类病毒有可能作为生物战剂，被用来制造生物武器，因而被视为"生物恐怖主义"的工具之一。世界卫生组织将埃博拉病毒列为生物安全第四级病毒。

"第四级病毒"是指在实验室里进行分离、实验微生物组织结构时安全隔离分级的最高等级。也就是说，第四级病毒对人类来说是极其危险的，其在人类中引发的疾病，在绝大多数情况下病死率是非常高的，包括埃博拉病毒、拉沙病毒、马秋波病毒等。

埃博拉病毒可通过血液、唾液、汗液、分泌物及排泄物传播，经皮肤、呼吸道或结膜等感染，也可通过气溶胶和性接触传播。发病无明显的季节性，人群普遍易感，无性别差异。被感染者的 1 毫升血液中含有 1 万至 100 万个埃博拉病毒，哪怕是咳嗽时喷出的一点儿唾液都有可能是致命的。2014 年埃博拉病毒疫情期间，有 7 位患者就是由于参加葬礼时共用同一盆水洗手而染病的。

埃博拉病毒的宿主尚未确定，最初被认为是啮齿类动物，但实验后很快被否认。实验人员发现，感染病毒后的蝙蝠一般不会死亡，因此推断其传染源为带有病毒的蝙蝠及蝙蝠的排泄物，但这也只是推测，其传染源是否为蝙蝠还有待确定。

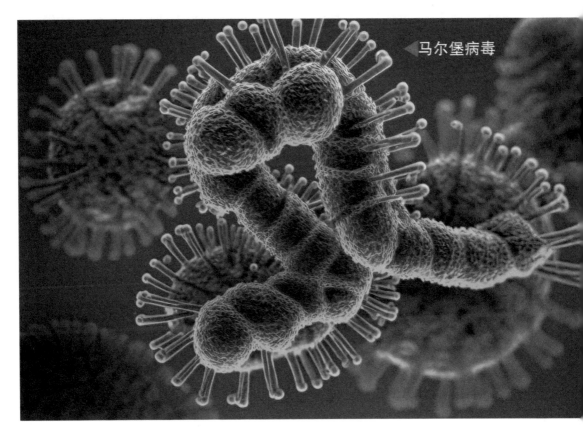

马尔堡病毒

埃及果蝠 ▶

埃博拉病毒有个"亲戚",叫作马尔堡病毒,同样给人类带来灾难。马尔堡病毒最先在德国马尔堡发现,因此而得名。马尔堡病毒与埃博拉病毒同为丝状病毒都源自非洲,通过动物传播给了人类。马尔堡病毒感染后会在体内迅速扩散、大量繁殖,袭击多个器官,使之发生变形、坏死,并慢慢被分解。病人先是内出血,继而七窍流血不止,并不断将体内器官的坏死组织从口中呕出,最后因广泛内出血、脑部受损等原因而死亡。

已知马尔堡病毒疫情有 12 次,最近一次是在 2017 年的非洲乌干达。2005 年,有记录以来最大的马尔堡病毒疫情发生在非洲安哥拉,252 个已知病例中,有 227 人死亡,这是包括 2013—2016 年西非埃博拉病毒疫情在内的所有大型病毒疫情出现的最高病死率,病死率高达 90%。

科学家在乌干达、肯尼亚、南非和加蓬等地进行了广泛的实地研究,并在美国和南部非洲进行了圈养蝙蝠的实验室感染研究,结果均表明:居住在洞穴中的埃及果蝠是马尔堡病毒的主要天然病毒库,埃及果蝠通过排泄物或唾液等,将马尔堡病毒传递给非洲当地矿工,马尔堡病毒由此进入人类社会,最终导致马尔堡出血热爆发。

冠状病毒

在病毒大家庭中，冠状病毒成员众多，大部分寄生在动物体内，对人类比较温和。但是，21世纪以来，冠状病毒中出现了三大杀手，分别为——SARS病毒、中东呼吸综合征冠状病毒（MERS病毒）、2019新型冠状病毒，这三种病毒出现分化，它们变得"面目狰狞"，在人类中引发瘟疫并大规模传播。究竟是什么原因，造成这三种病毒能够在人类中传播、扩散，人类又将如何对付它们？

见此图标 微信/抖音扫码 添加AI动物翻译官，开启知识解码之旅！

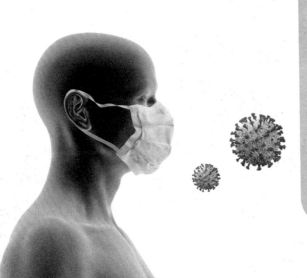

首先，我们来了解冠状病毒这个大类别。

冠状病毒是病毒中的一类，因其显微镜下的形态类似于王冠而得名。冠状病毒颗粒包含4种结构蛋白，分别是核衣壳蛋白、包膜蛋白、膜蛋白和刺突蛋白。核衣壳是包裹病毒遗传物质的核心结构，它被包裹在由包膜蛋白和膜蛋白组成的球体中。而刺突蛋白（也叫S蛋白）形成了病毒表面的棍棒状突起结构，这些突起结构与宿主细胞上的受体结合，决定了病毒可以感染的细胞类型，以及能够入侵的物种范围。刺突蛋白可以理解为冠状病毒打开宿主细胞的"钥匙"。

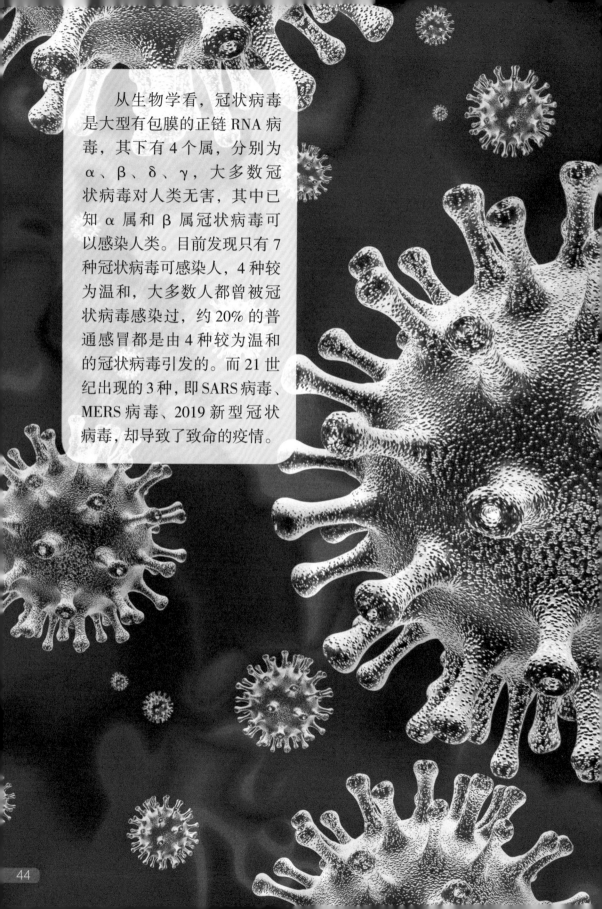

从生物学看，冠状病毒是大型有包膜的正链 RNA 病毒，其下有 4 个属，分别为 α、β、δ、γ，大多数冠状病毒对人类无害，其中已知 α 属和 β 属冠状病毒可以感染人类。目前发现只有 7 种冠状病毒可感染人，4 种较为温和，大多数人都曾被冠状病毒感染过，约 20% 的普通感冒都是由 4 种较为温和的冠状病毒引发的。而 21 世纪出现的 3 种，即 SARS 病毒、MERS 病毒、2019 新型冠状病毒，却导致了致命的疫情。

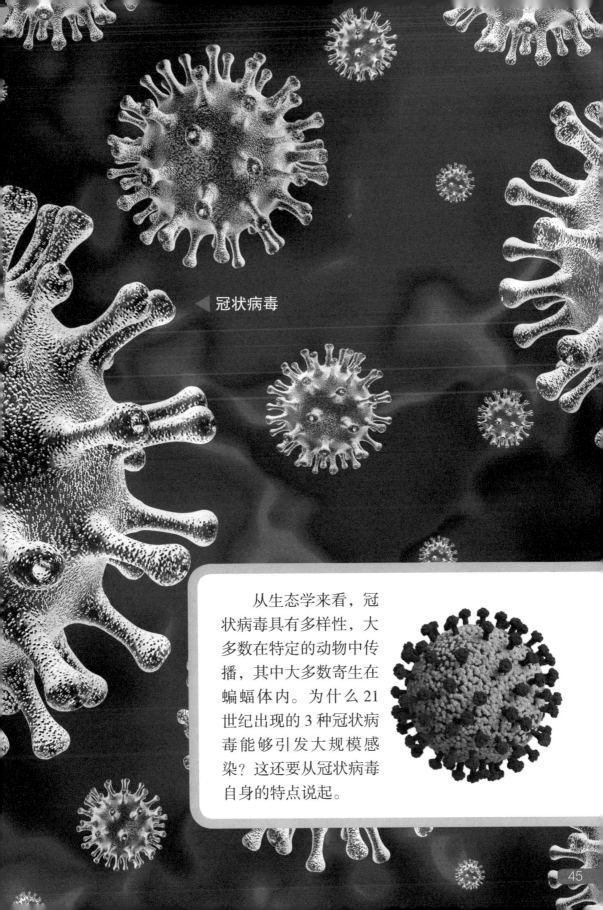

冠状病毒

从生态学来看，冠状病毒具有多样性，大多数在特定的动物中传播，其中大多数寄生在蝙蝠体内。为什么21世纪出现的3种冠状病毒能够引发大规模感染？这还要从冠状病毒自身的特点说起。

虽然冠状病毒多数无害，但是它们都具备"干坏事"的能力——可以传染人类的能力，原因如下：

冠状病毒属于 RNA 病毒，容易发生突变

大多数生物体的遗传物质都是 DNA，只有极少数病毒的遗传物质是 RNA。DNA 具有双螺旋结构，而 RNA 是单链结构，打个比方，DNA 就好似两股拧在一起的绳子，而 RNA 就是一股绳子。所以，DNA 相比于 RNA 具有更加稳定、更加坚固的结构。但单股绳子也不是没优点，它使用起来更加灵活多变。所以，某些以 RNA 为遗传物质的病毒传染性强，适应性极高，SARS 病毒和 2019 新型冠状病毒便是如此。相比于双链的 DNA 病毒，冠状病毒由单链 RNA 组成，更容易发生突变。

人体的 DNA 修复机制对冠状病毒不起作用

人体就好比一台巨大的复制机器，DNA 每时每刻都在进行复制，复制过程中可能出现错误。在长期的进化中，人体细胞中具有修复 DNA 复制错误的机制，如果 DNA 复制过程中出现错误，可以及时纠错。而冠状病毒属于 RNA 病毒，它控制细胞后会进行大规模复制，这个时候，细胞原有的纠错机制对它不起作用。

此外，冠状病毒是所有 RNA 病毒中基因组最长的，其基因组由 3 万个碱基组成。基因组越长，在复制过程中发生突变的概率越大，这就好比我们抄书，抄得越多，出错的可能性也就越大。因此，冠状病毒容易发生变异，变异的过程中就可能获得某些特殊的性能。比如，之前只能感染蝙蝠的冠状病毒，发生变异后就有可能获得感染人类的能力。反过来，如果冠状病毒不发生变异或者发生变异的机会少，那么它们感染人类的机会也会少。

冠状病毒具有包膜

冠状病毒的每个病毒颗粒都被包裹在由蛋白质构成的包膜中。包膜就相当于病毒的防护衣，可以更好地抵挡人体免疫系统的攻击。一般而言，有包膜的病毒要比无包膜的病毒更难对付。

冠状病毒的辅助蛋白，可以帮助其逃离宿主的免疫系统防线

有一些病毒，它们的辅助蛋白

被取出后，不会影响生长。但是，这种蛋白会对人体的免疫反应产生影响，进而使得病毒可以逃离免疫系统的追捕。对 SARS 病毒的研究表明，去除辅助蛋白并不会改变病毒的复制效率，但会降低致病性。如果去除这些辅助蛋白，虽然病毒仍然会在宿主内大量复制，但造成的危害就减小了。

冠状病毒的基因变异快

冠状病毒的基因组中存在两个极易发生突变的区域，即编码刺突蛋白和辅助蛋白的基因区域。上文中提到过，刺突蛋白类似病毒打开细胞的"钥匙"，辅助蛋白可以帮助病毒逃离免疫系统的追捕。而冠状病毒在这两个区域非常容易发生突变，这就意味着它可以经常配出新的钥匙以打开不同的细胞，这就解释了为什么冠状病毒由一个物种传播给另一个物种的能力很强。

上述 5 个特点使得冠状病毒成了一颗定时炸弹，随时可以引爆。当然，引爆它的还是人类自己。如果人类不去招惹冠状病毒的自然宿主和中间宿主——野生动物，那么冠状病毒几乎不会主动找上门来。

冠状病毒如何感染人类

冠状病毒的表面有棒状的突起，这种突起被称为刺突蛋白或者S蛋白，是感染人类的关键。人体细胞内存在一个受体，它充当细胞门户，可以看成一把锁。病毒要想入侵人体细胞必须先用钥匙（S蛋白），把人体细胞的锁（受体）打开，才可以进入细胞内部。

一般而言，钥匙和锁是一一对应的，但是一把钥匙也可能开不同的锁。比如，SARS病毒的S蛋白钥匙可以开人体细胞ACE2受体的锁，同样属冠状病毒的MERS病毒却用S蛋白钥匙开人体细胞DPP4受体的锁。2019新型冠状病毒，走得也是SARS病毒的老路，它也是利用S蛋白钥匙，开人体细胞ACE2受体的锁，当然其中有一些具体细节发生了变化。

★★★★★★

新型的病毒如何定名呢？

1966年，国际微生物学大会上成立了国际病毒命名委员会，制定了病毒命名的规则，之后的几十年里又经历了多次修正。1995年的国际微生物学大会的第六次报告中，发布了新的病毒分类和命名规则，共计30个条款，概括而言，规定以下内容不得用于病毒的命名：

①地理区位名称；②人名；③动物或食物的名称；④涉及特定文化或行业的名称；⑤已有的病毒名称。

冠状病毒进入人体后，会带来哪些危害？

前面已经详细讲述过，病毒一旦进入人体细胞，会控制细胞的"指挥部"——细胞核，进而发号施令，让细胞为自己服务，实现大量自我复制。病毒侵入人体细胞后，会给人体带来哪些影响，和冠状病毒入侵的哪类细胞有关。具体到冠状病毒，它们主要感染人体的呼吸道细胞。其中，不同种类的冠状病毒感染的细胞不同，在人体内的反应就是得不同的病、表现出不同的临床症状。比如，引起感冒的冠状病毒主要感染人体的上呼吸道细胞，而SARS病毒和MERS病毒可以感染人体的下呼吸道细胞。

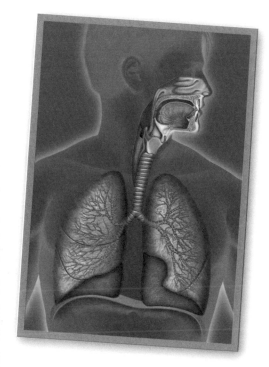

▲ 人体呼吸系统：鼻、咽、喉合称上呼吸道；气管、支气管和肺部器官合称为下呼吸道

感染上呼吸道和感染下呼吸道的冠状病毒有什么区别呢？

人体上呼吸道防御性差，对病原体的过滤差。因此，感染上呼吸道的冠状病毒，可以自由出入，造成的结果是感染性强，但是致死率有限，因为人体呼吸道可以大量过滤病原菌。感染下呼吸道的冠状病毒相比前者，进入的门槛高、难度大，但是一旦进入，危害性更大，致死率更高，因为它可以造成肺部细胞感染。比如，MERS病毒的感染性相对较低，人体需要长期暴露在高浓度病毒环境中，病毒才可以到达肺部，这也是与骆驼密切接触的人容易感染MERS病毒的原因。

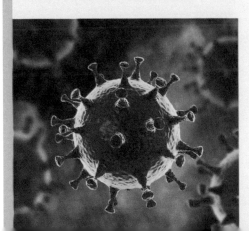

◀MERS 病毒也是一种冠状病毒

中东呼吸综合征（MERS）是一种人畜共患、由冠状病毒引起的病毒性呼吸道疾病，2012 年首次发现。中东地区的骆驼是病毒的主要来源，人类与骆驼密切接触或食用骆驼产品（例如未经巴氏消毒的骆驼奶）导致病毒传播。

单峰驼 ▶

此外，带有 ACE2 和 DPP4 受体的细胞在人体内的分布不同，因此冠状病毒感染造成的后果是不同的。DPP4 受体的细胞大量存在于支气管下部的细胞中，且在肠道内也有，因此 MERS 病毒会导致更明显的肠易激综合征，比 SARS 病毒的致死率更高，但 MERS 病毒的传染性比 SARS 病毒低，因为病毒进入要困难些。

总之，感染上呼吸道的冠状病毒，传染性强，致死率低；感染下呼吸道的冠状病毒，传染性低，致死率高。2019 新型冠状病毒与 SARS 病毒一样，通过 ACE2 受体进入人体细胞，其致死率低于 MERS 病毒。

虽然不同的冠状病毒能利用相同的受体感染细胞，但导致的疾病可能截然不同。比如 NL63 也是一种能感染人类的冠状病毒，它与 SARS 病毒能结合同一种受体，但与 SARS 病毒感染下呼吸道不同，NL63 仅会导致上呼吸道感染。为什么出现这种情况，目前科学家还在探索中。

另一个奇怪的现象是，心脏细胞表面也有大量的 ACE2 受体，但 SARS 病毒并不会感染心脏细胞。由此可以推测出，还有其他的受体或辅助受体参与病毒的感染过程。

冠状病毒是如何导致人类死亡的？

一般而言，病毒是寄生生存的，它的最高利益是和宿主和谐相处，就像我们周围大多数的病毒是无害的。一旦病毒把宿主杀死，它自己也就完了，这不符合病毒的长远利益，因此，病毒天性不好杀。那么为何SARS病毒、MERS病毒和2019新型冠状病毒，都会造成不同比例的致死率呢？

这里面的奥妙在于病毒和人体免疫系统之间的博弈。当病毒入侵人体细胞之后，人体的免疫系统可不会袖手旁观，它们会立即做出反应。这里面的机制是：当细胞检测到病毒入侵时，会释放干扰素启动免疫反应。这些干扰素除了对抗病毒，干扰病原体在宿主细胞中的复制外，还会"坚壁清野"，为了不让病毒存活，它会下达命令杀死宿主细胞——终止宿主细胞的蛋白质合成、诱导细胞凋亡，造成"杀敌一千，自损八百"的局面。因此，人体免疫系统一旦进入战争状态，它不仅对病毒产生威胁，同样也会对人体造成不利影响。免疫系统进入战争状态，最为直接的表现就是会产生炎症，外在的表现就是发热。产生炎症的同时，也会产生一些破坏性物质。很多疾病的出现，其实正是因为病毒导致的免疫性炎症反应以及这些破坏性物质。

总而言之，这类病毒性传染病的可怕之处倒不是病毒本身，而是这些病毒入侵所导致的"细胞因子风暴"，使大量促炎性细胞因子在肺泡集聚，引起呼吸衰竭而致命。同时，还会因大量一氧化氮迸发导致代谢性缺氧。与其说是病毒"杀人"，不如说是感染者的免疫系统启动了"自杀"程序！

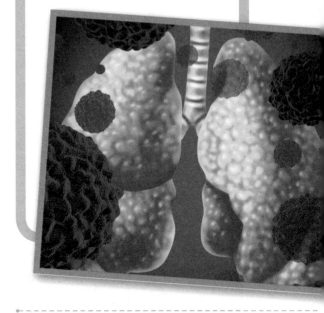

此外，大多数死于冠状病毒的患者都存在"并发症"，这是什么意思呢？

这些患者身体内除了病毒感染外，还有其他的病，也就是说身体内存在两个"战场"。在没有感染冠状病毒之前，人体的免疫系统主要对付已有的疾病。可是，冠状病毒突然入侵，人体免疫系统立即把其他战场上的兵力全部调过来，对付冠状病毒，导致与本身已有疾病作战的兵力不足，症状便会加重。

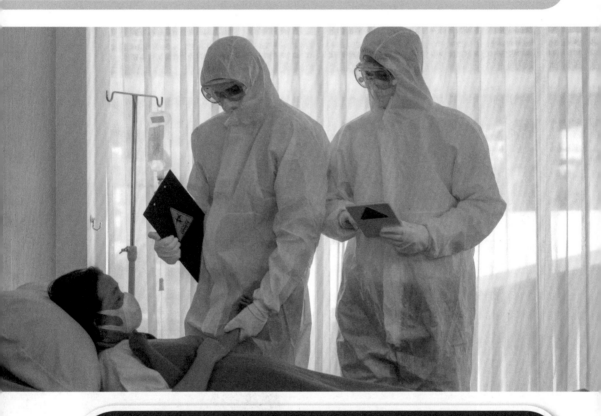

不过，冠状病毒并不像艾滋病病毒（HIV）或乙型肝炎病毒（HBV）那样把它们的基因组整合在人类染色体上，而是存在于感染细胞核外。只要假以足够的刺激时间，人体就能形成中和抗体并最终剿灭病毒。所以，一旦不幸感染了冠状病毒，首要任务并不是抗病毒，而是抑制免疫。只要不让免疫系统过度激活，就不会产生严重的"自杀"行为，也就为人体战胜病毒赢得了时间。

病毒传播方式

病毒的原始宿主在理论上是不能直接将病毒传播给人类的。比如，某些冠状病毒的原始宿主为蝙蝠，它身上的冠状病毒对人类不起作用，需要发生突变才能在人身上寄生、传播。我们知道了，冠状病毒表面的棒状突起是S蛋白，它是打开细胞的关键，而蝙蝠体内病毒的S蛋白，是不能传人的，否则，一只蝙蝠便可以杀死几十万人。

▼ 蝙蝠

蝙蝠体内的冠状病毒想要在人体内传播，理论上有三个途径：

1. 人直接吃蝙蝠，蝙蝠体内的病毒进入人体后发生突变

这种可能性只存在于理论中，因为这需要一个漫长的积累过程，需要人大量吃、长期吃蝙蝠，才能积累足够的病毒，提高病毒突变的几率。冠状病毒要想从蝙蝠传播到人类，必须不断获得人类的蛋白质信息。如果仅仅依靠吃蝙蝠传播，恐怕要连续吃一万年以上，"活着"的病毒才能成功获得人的蛋白质信息。

有些猫携带某种 HIV 病毒，俗称"猫艾滋"，但是它们即使和人亲密接触，猫艾滋病毒也不传人，因为这种病毒破解不了人的"密码"。猫是人类的伴侣动物，也就是我们常说的宠物，亲密接触频率较高，尚且不会传播病毒，蝙蝠就更难传播了。蝙蝠的生存范围距离人类较远，亲密接触的机会非常少，因而病毒很难从人的血液、体液等途径获得人类的蛋白质信息。

▲ 猫

2. 借助中间宿主进行传播

中间宿主的作用类似于"中间商"，在这个环节，可以促进病毒的重组和突变。这种传播的可能性最大，有科学研究表明，SARS 病毒的中间宿主为花面狸（俗称果子狸），而中东呼吸综合征冠状病毒的中间宿主是骆驼。这属于病毒的自然变异，即以蝙蝠为原始宿主的病毒，要在自然界中找到 1~2 个中间宿主，再通过中间宿主逐渐找到人类的基因密码，发生变异。

3. 人工改造病毒

在存有冠状病毒的实验室，实验人员取掉或者换掉冠状病毒的棒状突起之后，接着要把病毒种在新的宿主身上，记录这些病毒宿主的一系列生化指标和传播途径，这些新的宿主就是实验动物。而在这个过程中，一旦将蝙蝠的 ACE2 受体开关做出相应调整，以及利用实验动物进行病毒基因重组，便可得到新的病毒，和人体的 ACE2 受体结合，就能使冠状病毒感染人类的呼吸道细胞，且毒性巨大。

从人类现有的技术层面讲，存在人为地将病毒从蝙蝠传播给人的可能性，但是这种可能性极小，人为改造病毒并故意传播，是严重的危害人类罪，因而实验室一般都有严格的操作规范、管理制度和应急预案。

人类感染冠状病毒后，之所以会引起成规模的疫情，是因为人与人之间有着多种传播病毒的方式。

我们以2019新型冠状病毒（2019-nCoV）为例，这种病毒的人传人方式大致可以归纳为：接触传播、飞沫传播、气溶胶传播、粪口传播。

新型冠状病毒的感染者是此种病毒的感染源之一，此外，临床观察发现，一些无症状感染者也可能成为传染源，其鼻咽拭子、呼吸道分泌物、血液、粪便等标本中可检测出新型冠状病毒的核酸。

▲ 花面狸

接触传播和飞沫传播较好理解，很多人对气溶胶传播和粪口传播比较好奇，我们就来说一说这两种传播方式。

首先，我们要弄明白什么是气溶胶。

所谓的气溶胶是由固体或液体微粒分散并悬浮在空气中形成的多相体系，微粒大小为 0.001~100 微米，其中含有土壤微粒、工业尘埃微粒、汽车排放的微粒、细菌等微生物、植物孢粉等。

★★★★★★

在化工专有名词中，"相"包括气相、液相和固相。多相体系即含有两个或更多个相的体系。

SARS 病毒颗粒直径约 0.08~0.12 微米，飘浮在空气中，病毒容易吸附在细小的颗粒上，从而能进行气溶胶传播。人与动物呼出的气体与空气中的细颗粒物混合构成的气溶胶，是人与动物、动物与动物，以及人与人之间重要的病毒传播途径。

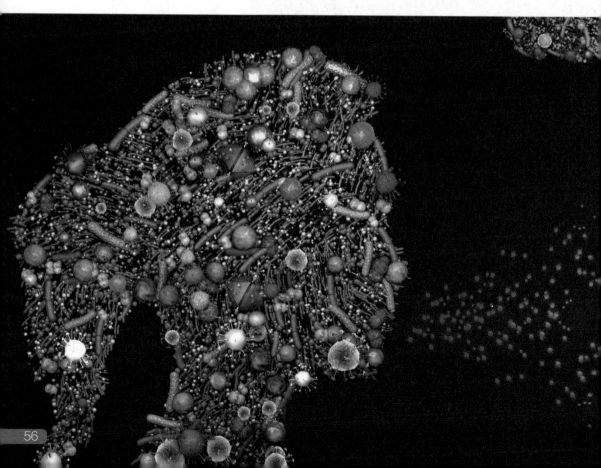

气溶胶传播与飞沫传播看起来有些相似，它们的主要区别在于飞沫的颗粒要大于气溶胶颗粒。一般情况下，飞沫从口鼻喷出之后，很快会落到地面，传播距离较小；而气溶胶可以长时间飘浮在空气中，随着空气流动飘得很远，通常只有降雨才会使空气中的气溶胶下落沉淀。

在疫情中，气溶胶传播的信息极容易引起人们的恐慌，因为我们时时刻刻"浸没"在气溶胶中。感染者即使不咳嗽，在呼吸过程中，尤其在喘粗气的时候，也有可能将病毒呼出，与空气混合后形成带病毒的气溶胶，随气流飘荡，弥漫在人群中。这意味着易感染者有可能在未与感染者见面的情况下，因为吸入了悬浮在空气中含有病毒的气溶胶而被感染。

气溶胶传播需要重视，但也不必恐慌。

①气溶胶传播本身不是一个新奇的途径，且人们被感染，需要两个特定的条件，一是在一个密闭环境下，二是有大量的病毒释放，二者缺一不可。

②气溶胶传播并不意味着空气中病毒弥漫。相反，空气中即便有携带病毒的气溶胶，通常其含量也是低微的，不仅不会感染，还有可能激发人的抗体。

③阻挡气溶胶比较容易，一般来说，佩戴医用口罩可以阻拦气溶胶颗粒。特别小的气溶胶粒子，主要分布在高空，人呼吸到的可能性不大。

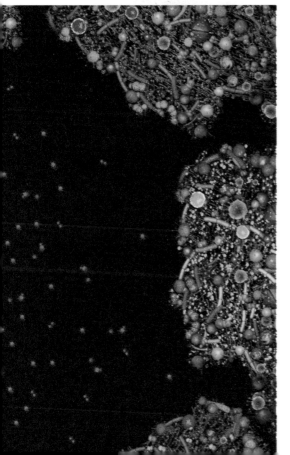

◀ 飞沫传播

什么是粪口传播呢？

粪口传播，实际上是经消化道传播。简单来说，就是一些传染性疾病的病原体能够在粪便之中存活，并通过消化道排出的粪便进行传播。在日常生活中，粪口传播有很多可能情况。

① 病毒感染者排便后没有洗手，又直接用手接触了别人的手或食物，这个被接触的人很可能会被感染。

② 感染者排便后冲马桶，粪便中的病毒受到水的冲击力，被冲到空气中，下一个来到马桶旁的人就有可能通过呼吸被感染。

③ 在如厕时，不小心将病毒沾到了衣服上，然后手又恰巧碰到了衣服的这个部位，之后再碰到嘴巴、鼻子或者眼睛，人就可能被病毒感染。

④ 农民用被病毒污染的粪水给蔬菜施肥，人们没有将这些食物充分洗净、烧熟，吃了这些食物也可能被感染。

⑤ 农村的部分粪便污水直接排入河道，有人直接饮用或者拿它来洗衣服，也会造成一定风险。

▼ 苍蝇、蟑螂等昆虫也可能造成粪口传播

目前，比较常见的通过粪口传播的疾病有甲肝、戊肝、伤寒、霍乱、手足口病，还包括一些寄生虫疾病，比如绦虫病、蛲虫病、蛔虫病等。

SARS 病毒曾有过粪口传播的报道。2003 年，香港一社区感染人数高达 321 人，就是因为一名患病男子在去该社区探亲时，因腹泻而使用过亲戚家的厕所，而该社区的污水系统又存在设计缺陷，故而导致了社区内出现大面积感染。由于 2019 新型冠状病毒和 SARS 病毒有着相同的感染受体，因而，有科学家猜测，这种病毒也可能存在粪口传播的风险。

2020 年以来，多地对某些新型冠状病毒感染的肺炎确诊患者的粪便进行了检测，检测结果呈核酸阳性，但病毒核酸阳性不等于有活病毒。准确地说，该结果只是提示粪便中可能有活病毒存在，新型冠状病毒有可能通过粪口传播。

如何研制疫苗

中国对疫苗的利用历史悠久，在唐代就有记载。最早的疫苗实践，是唐代医学家孙思邈通过收集天花病人身上的脓液，涂在正常人身上，以获得抵御天花的免疫力。这其实在原理上，和现在的疫苗是如出一辙的。可惜的是，中国的种"人痘"术最终并没有经过系统的研究总结成科学理论和技术。

天花是人们用疫苗消除的第一种传染病，它是由天花病毒感染人引起的一种烈性传染病，传染性强，病死率极高。英国医生爱德华·詹纳从挤奶工手上的脓包中提取了一种牛痘弱毒，将其注射到孩子体内，发现可以保护孩子免得天花。随后几个世纪，各类疫苗相继被开发出来，应用于预防各种传染性疾病，如乙肝、狂犬病、麻疹、破伤风，等等，为人类健康做出了重要的贡献。人们经过多年的探索和研究，最终发明了牛痘疫苗。1976年，全球开始推行牛痘疫苗接种，实现了对所有易感人群的保护，天花病毒的感染率被大大遏制，病死率也有了明显的降低，进而成功阻断了天花的传播。

詹纳医生通过▶
接种牛痘病毒
来预防天花

那么，疫苗到底是什么东西？

疫苗就是处理过的病毒，帮助我们的机体建立针对某种疾病长期的防御力，来实现主动免疫。如今，疫苗仍然是防控传染病最有效的手段。一种新的病毒到我们人体的时候，我们产生的免疫力往往是"杀敌一千，自损八百"的，因为我们所有的细胞对这种新的病毒是没有记忆的，所以这个时候我们的免疫系统跟它发生了非常严重的斗争，这个斗争叫作天然免疫。形象地说，就是遇到新病毒，我们的白细胞就会群起而攻击，先不管这病毒是什么，只要没见过，就先把"炸弹"扔出去，炸得到处都是，于是我们身体中就产生了很多炎症。但是，如果我们已经感染过一次病毒，或者打过一次疫苗，我们身体中的细胞就认识它了，下一次这个病毒再来到身体中的时候，我们体内有记忆的细胞会准确地发射"导弹"，把病毒给干掉。

传染病具体指的是由各种病原体引起的能在人与人之间相互传播的一类疾病，所以传染病的传播需要三大要素：传染源、传播途径与易感人群，控制住任意一项都可以阻断传染病的传播。疫苗的作用就是保护易感人群。

疫苗是如何研制的呢？

和新药研发一样，疫苗研发也有固有的周期，而这个周期是比较漫长的，对于突发性疫情来说，往往是"远水解不了近渴"。

疫苗的研制需要经历三个阶段：

第一，分离毒株并确定有效组分

从患者身体中提取病毒样本之后，要进行毒株的分离。传统疫苗是挑选合适的病毒，再经过灭活、减毒等处理，制成疫苗；而核酸和病毒载体类疫苗则是通过对病毒基因测序，找到关键靶点，将蛋白或它的某一部分制成候选疫苗。在这个过程中，需要进行生产工艺的建立和严格的质量控制。

第二，动物实验

疫苗需要完成一系列实验，获得足够的数据支持，包括疫苗在动物模型上的有效性评价、安全性评价等，才能进一步申请批准开展临床试验。这一过程，顺利的话一般也需要一年左右。

◀ **疫苗的成功研发也要感谢实验动物们的牺牲**

第三，临床验证

临床试验总共三期，受试者从少到多，从选择特定人群到随机、盲选测试，要全面地评估疫苗的有效性和安全性。这一过程往往花费数年时间，并且需要大量费用。

▶ **鸽子也是常见的实验动物**

疫苗的研发周期较长，使之面临两大难题。

一是疫苗研制跟不上疫情的步伐。往往疫苗还没有研制出来，疫情可能就已经结束了。以SARS疫苗为例，疫苗从实验室研制出来以后，SARS病毒已经销声匿迹了，无法进行临床试验，疫苗效果的评价自然无法开展，因此，到目前为止也没有SARS疫苗上市。

二是疫苗跟不上病毒变异的步伐。相比于天花病毒这一类基因组稳定的DNA病毒而言，冠状病毒是RNA病毒，更容易发生基因突变，病毒本身的性质很容易发生改变，使得已经研发成功的疫苗效果大打折扣。再比如，由于流感病毒变异很快，很快能逃逸我们的免疫力，季节性流感疫苗往往用不了多久就起不到保护作用了，所以疫苗的组分要经常更换，因而流感疫苗也需要多次接种。

生物安全

生物安全一般是指由于现代生物技术开发和应用对生态环境和人体健康造成的潜在威胁，以及对其所采取的一系列有效预防和控制措施。近年来，生物安全实验室受到广泛关注。

生物安全实验室是进行与生物科研相关的实验场所，根据实验室所处理对象的生物危险程度，国际上将生物安全实验室分为P1、P2、P3、P4这四个等级，实验室可以承担的工作也根据安全等级进行划分。

P1实验室：基础实验室。处理对象为对人体、动植物或环境危害较低，不具有对健康成人、动植物致病的因子。

P2实验室：基础实验室。处理对象为对人体、动植物或环境具有中等危害或具有潜在危险的致病因子，对健康成人、动植物和环境不会造成严重危害，有有效的预防和治疗措施。

P3实验室：防护实验室。处理对象为对人体、动植物或环境具有高度危害性，通过直接接触或气溶胶使人传染上严重甚至致命的疾病，或对动植物和环境具有高度危害的致病因子。通常有预防和治疗措施。

P4实验室：最高级别防护实验室。处理对象为对人体、动植物或环境具有高度危害性，通过气溶胶途径传播或传播途径不明，或未知的、高度危险的致病因子。没有预防和治疗措施。中国科学院武汉病毒研究所拥有我国首个投入正式运行的生物安全P4实验室。

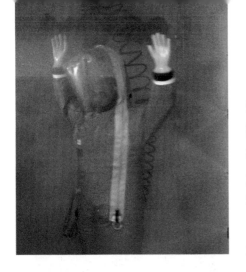

你可能会好奇，最高级别的 P4 实验室具体是怎样的呢？

P4 实验室作为最高级别的生物安全实验室，是应对高危险性且无法预防和治疗的烈性病毒的"利器"。P4 实验室一般为一栋独立的建筑物，如与其他级别生物实验室共用建筑物，也需要在建筑物中占据独立的隔离区域，并与附近的其他建筑物完全隔离。在进入高等级实验室前，人员需要经过多道程序，包括外更衣间、淋浴间、内更衣间、缓冲间等，从外面安全进到实验室内部需要 20~30 分钟。

对于 P2 及以上级别的实验室，按照规定须配备生物安全柜，操作有危险的病原都需要在柜内完成。实验人员有严格的操作技术规范，与非致病性病毒接触的器械和耗材需要经过酒精或高压消毒，废弃物放入专用的医疗废物垃圾袋，以保证生物安全。这些装置和措施共同组成了生物安全实验室的二级屏障，保障了致病因子无法出逃。

具体来说，实验人员在从缓冲间进出实验室需要经过层层关卡，进出 P4 实验室，沿着行进方向，每进一道门，气压都会逐渐降低，即定向负压系统，同时设有多道安装连锁装置的门，保证无法同时打开两道门，以防止空气流通。实验室内部的空气必须经由高效过滤器过滤后才可向外排放；实验室产生的固体废弃物，必须经过彻底的灭菌消毒，才可以进行无害化焚烧处理；实验室产生的污水也必须经由污水处理系统进行完善的处理；至于实验人员穿着的防护服则更加不会被放过，严格的化学淋浴消毒可以消灭一切沾染到的病原。

总之，没有经过处理的气体、固体和液体统统是不会离开实验室的。

病毒的宿主

——野生动物

　　每当有疫情发生，我们都需要重新认识、反思人与野生动物之间的关系。以往，人类更重视如何利用野生动物，而忽略了野生动物在生态安全中所起到的作用。人类很多疾病的病源都来自野生动物，比如SARS病毒、中东呼吸综合征冠状病毒、2019新型冠状病毒、艾滋病病毒等。野生动物是病毒的天然携带者，这些病毒传播给人类，会造成疾病和疫情，让人们对许多野生动物心生畏惧，但畏惧终究不能使人类摆脱困境，我们应该更客观地去了解大自然，不仅要了解病毒，还要了解作为病毒宿主的野生动物们。

蝙蝠不背锅

蝙蝠在全球有 1400 多种，物种多样性极高，是世界上分布较广、数量较多、进化较为成功的哺乳动物类群之一。在哺乳动物中，蝙蝠是仅次于啮齿类动物的第二大类群，其种类占哺乳动物物种数的 20%，在全世界广泛分布。科学家已在近 200 种蝙蝠身上发现超过 4100 种病毒，其中冠状病毒有 500 多种。

蝙蝠是自然界中较大的病毒库之一，由于其自身的生理特性和特殊的免疫系统，蝙蝠对大多数病毒表现出较强的耐受力，因此是许多病毒的天然宿主。蝙蝠不仅是冠状病毒的主要宿主，也是许多其他病毒的自然宿主，包括埃博拉病毒、马尔堡病毒、狂犬病毒、亨德拉病毒、尼帕病毒等。由于蝙蝠具有特殊的免疫系统，因此它们虽携带病毒，却极少出现病症。在漫长的进化历程中，蝙蝠成了上百种病毒的自然宿主。

动物小档案

- **学名：蝙蝠**
- **门：脊索动物门**
- **纲：哺乳纲**
- **目：翼手目**

既然蝙蝠身上携带那么多病毒，为何它自己没事呢？

以冠状病毒为例。针对人体用于清除病毒的免疫反应，一些冠状病毒演化出了相应的特征，而这些特征可能是不同冠状病毒间最大的差异。蝙蝠能和冠状病毒共生，是因为它们不会像人类一样对冠状病毒产生强烈的免疫反应。蝙蝠体内抑制了多种触发免疫反应的信号分子，因此它们不会生病。且蝙蝠体内具有稳定的干扰素表达，因此筛选出了那些能够逃避这种免疫反应的病毒。从另一方面来说，相比于强烈的免疫反应，蝙蝠保持着恒定的低水平免疫反应，这可能同时促进了病毒的演化。对于病毒来说，蝙蝠是一种非常好的宿主，而能在其体内存活的也都是那些善于隐藏的病毒。

目前，在蝙蝠体内发现了许多致命病毒，例如 SARS 病毒、埃博拉病毒和尼帕病毒等，这些病毒若感染人类和其他哺乳动物，常常引起严重的全身性疾病，甚至导致死亡。研究表明，蝙蝠天然免疫系统的组分与其他哺乳动物相同，包含了干扰素、干扰素激活基因以及自然杀伤细胞等，但面对致命病毒时，表现却不同，这说明蝙蝠天然免疫系统在分子功能以及调控表达上可能存在特殊性。简单来说，蝙蝠天然免疫系统中的一些组分相较于其他哺乳动物更为活跃，它们的体内可能具备着一种"时刻准备好"的抗病毒策略，也就是说，蝙蝠的免疫系统始终处于警惕状态，从而在病毒进入体内后可以有效地抑制病毒复制。另外，蝙蝠体内许多与过度免疫和炎症反应相关的分子却在表达和功能上都受到了抑制，避免了组织器官在抗病毒期间受到损伤。因此，蝙蝠通过活跃的天然免疫和抑制炎症反应，达到了与病毒共存的结果。对人类来说，蝙蝠独特的抗病毒能力是非常值得研究的，它或许可以帮助人类更好地理解疾病的发生与控制，探究对抗病毒的新手段，进而开发出新的治疗方式。

蝙蝠仿佛是个病毒的集合体，有些人认为，既然如此，那么消灭蝙蝠不就好了？

"消灭蝙蝠"的事，人类还真的做过。非洲的乌干达地区曾消灭了一个金矿中的十万只蝙蝠，几年后，大批蝙蝠又来到了这个金矿的所在地栖息，新来的蝙蝠携带马尔堡病毒的比例较之前提升了一倍以上，紧接着，这里爆发了乌干达历史上最大规模的马尔堡出血热疫情。事实证明，消灭蝙蝠这种简单粗暴的办法，不但没用，反而可能导致更严重的病毒疫情。

每当有病毒疫情爆发，很多人就把矛头指向了蝙蝠，其实蝙蝠只不过是病毒的携带者，它体内的许多病毒是无法直接传播给人类的，只有密切接触且病毒发生了变异，才有可能在人群中传播，因此蝙蝠不是人类疫情的罪魁祸首。更何况，蝙蝠在生态环境中起着非常重要的作用，所以，消灭蝙蝠只能增加人类的健康风险，最好的办法就是远离蝙蝠等野生动物。

事实上，蝙蝠传播病毒给人类的最主要原因是人类的干扰。人类对森林的砍伐减少了蝙蝠的自然栖息地，迫使它们离开原来的生态位。

这些蝙蝠被迫改变了平常的觅食和行为模式，侵入人类居住地附近，因而直接或间接地将病毒传播给人类或家畜。如果蝙蝠取食的地方恰好有人类居住，无形中就增加了蝙蝠体内的病毒跨物种传播的机会；若是当地民众将蝙蝠当作野味来取食，那么病毒也有一定概率发生变异，传播给人类。只要人类不干扰蝙蝠、不破坏蝙蝠的家园、不取食蝙蝠和蝙蝠的食物，蝙蝠携带的病毒就不会轻易传播给人类。

▼ 城市中出现大量蝙蝠并不是蝙蝠的过错

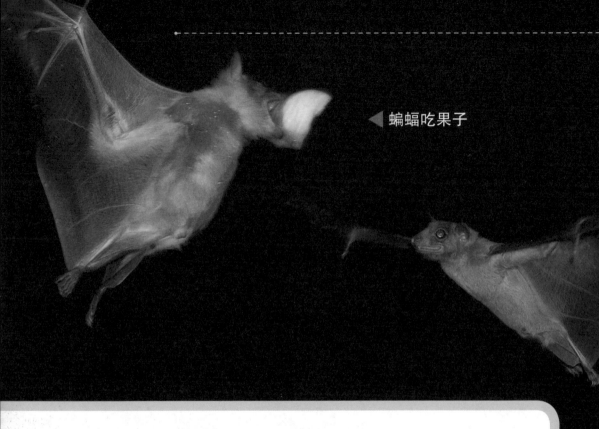

◀ 蝙蝠吃果子

　　蝙蝠在生态系统中发挥着什么样的作用呢？

　　蝙蝠在害虫控制、种子传播、植物授粉及森林演替等方面发挥着举足轻重的作用。尽管不同的蝙蝠物种表现出食虫、食果、食蜜、食鱼、食肉甚至食血等多种多样的食性，但超过三分之二的蝙蝠专性或兼性地以昆虫为食。在生态系统中，蝙蝠是夜行性昆虫的主要控制者，每晚可以捕食大量的昆虫。普通长翼蝠能捕食超过200种节肢动物，其中包括44种农业害虫，这些害虫可以危害欧洲大陆的许多作物，且普通长翼蝠可根据当地农田中可利用的食物资源"改变菜谱"，即调整食性，重塑其食性生态位。

长期以来，蝙蝠对农业害虫的抑制作用被严重低估了。据估计，圈养的蝙蝠每天消耗的昆虫约占其体重的25%；但在野外条件和哺乳期等高能耗时期，这个数字可高达70%，有时甚至超过100%。蝙蝠经常出没于农田，在农田里伺机捕食许多潜在的农业害虫。许多农业害虫的幼虫会对作物造成损害，而蝙蝠能够对农业害虫的成虫进行捕食，从而阻止成虫产卵，降低幼虫危害。仅在北美地区，通过蝙蝠捕食而减少作物损害和避免使用杀虫剂，从而产生的价值约为每年229亿美元。在泰国，蝙蝠每年通过在稻田中捕食害虫可防止稻米损失近2900吨，产生的经济价值超过120万美元，意味着泰国的蝙蝠每年能够间接地为近3万人提供口粮。

　　另外，蝙蝠还可以通过授粉和传播多种植物种子，提供关键的生态系统服务价值。自然界中，多种植物不同程度地依赖蝙蝠进行繁殖，其中包括多种经济作物，如香蕉、杧果和番石榴等。

▲ 蝙蝠也吃昆虫

由此可见，我们人类不仅不应该猎杀蝙蝠，相反，还应该对其加强保护。现存的蝙蝠面临着多重威胁，生存状况不容乐观。近年来，人类活动越来越多，如森林等陆地生态系统的耗竭或破坏、人类对洞穴的干扰、对蝙蝠进行猎杀、白鼻综合征、农药滥用，以及日益增加的风能设备等，导致蝙蝠的种群数量出现前所未有地下降，甚至部分种群已灭绝。

▼ 白鼻综合征

白鼻综合征是一种动物疾病，主要感染穴居的蝙蝠，一般在蝙蝠在岩洞或矿井里冬眠时发作，时间一般是从 10 月至次年 4 月。被感染的蝙蝠鼻子周围、耳朵、翅膀以及其他暴露的皮肤上面都有白色真菌，类似糖霜，这些部位会发生感染、溃烂，逐渐导致蝙蝠的死亡。

从 2006 年至 2009 年，白鼻综合征大面积爆发于美国各州，蔓延至北美地区，至少 100 万只蝙蝠因此死去。科学家认为，这是北美有史以来最惨重的野生动物衰退事件。

科学家目前还不能确定白鼻综合征是如何传播的，但基本可以肯定的是，蝙蝠之间可互相传染。有研究者认为，探索岩穴和矿洞的人类可能也成为了间接的传播者，他们在被感染区域活动时，衣服或者装备上无意中沾染了致病真菌，又把它带到了其他的蝙蝠栖息地。

目前中国的蝙蝠种群数量与2000年相比下降了超过50%，其中洞穴旅游开发、农药滥用和滥捕滥杀为三大主要的原因。由于蝙蝠具有世代长、繁殖率低等特点，因此种群一旦受到破坏，其恢复速率极为缓慢。中国蝙蝠物种多样性保护现状堪忧，目前为止，尚没有任何一种蝙蝠列入《国家重点保护野生动物名录》内。蝙蝠研究专家、武汉大学的赵华斌教授，以及广东省生物资源应用研究所的张礼标研究员呼吁：保护蝙蝠的种群数量和栖息地免遭破坏，不仅是维持生物多样性和生态系统功能的重要途径，也是生态系统完整、国民经济和人类福祉的重要保障。

果子狸不是凶手

果子狸，学名花面狸，民间又有"牛尾狸"的俗称。北宋时期，著名的大文豪苏东坡就曾吃过果子狸，大快朵颐后，就着酒兴赋诗一首："风捲飞花自入帷，一樽遥想破愁眉。泥深厌听鸡头鹘，酒浅欣尝牛尾狸。通印子鱼犹带骨，披绵黄雀漫多脂。殷勤送去烦纤手，为我磨刀削玉肌。"

没想到，一首诗中，居然吃了四种野生动物。自古以来，人们追求"野味"，其中就包括食用野生动物。苏东坡作为当时的"美食博主"，在"吃野味"方面起了带动作用，在今天看来，这种做法着实需要批评一下。人们为了口腹之欲，而捕杀了众多野生动物，果子狸作为"野味"的一员，也遭受了巨大的灾难。

▼ 花面狸

动物小档案

- 学名：花面狸
- 门：脊索动物门
- 纲：哺乳纲
- 目：食肉目
- 科：灵猫科
- 属：花面狸属

果子狸主要生活在海拔200~1000米的山林中或者靠海的丘陵地带，栖居于季雨林、常绿或落叶阔叶林、稀树灌丛或间杂石山的稀树裸岩地。2002年，SARS病毒疫情爆发，"人类因食用果子狸而染上病毒"一下子成为多家媒体报道的头条，一时间，果子狸成为疫情最大的"嫌疑犯"，事实真的如此吗？

2002年11月，广东省佛山市出现了国内首例重症急性呼吸综合征（SARS）病人，随后SARS病毒在国内外迅速蔓延，给人类的健康带来了严重的威胁。SARS的常见症状有发烧、咳嗽、呼吸困难，偶尔还有水样便。大约20%~30%的感染患者需要使用呼吸机来辅助呼吸，病死率大约为10%，在老年患者和患有其他疾病合并症的患者中病死率更高。根据世界卫生组织的统计，截至2003年8月，全世界共有8000多人感染SARS，逾900人丧生。

据调查，早期病例曾在野生动物市场有过与动物的接触史，因此，当时强烈怀疑SARS病毒是人畜共同传播性病毒。

　　科学家们研究了身为"病毒库"的蝙蝠，在菊头蝠等蝙蝠中检测出类似SARS病毒的冠状病毒。不过，这些病毒与人类感染者体内SARS病毒的同源性只有92%到96%。并且据研究，从蝙蝠家族分离出的SARS病毒处于进化早期，而人类SARS病毒处于进化晚期。这些情况，意味着蝙蝠体内的冠状病毒无法直接传给人类，科学家猜测，其中可能存在中间宿主。

▲菊头蝠

◀ 花面狸

　　蝙蝠体内的冠状病毒在感染其他野生动物的时候，发生了变异，变异后的病毒就可能感染人类。此后，科学家开始寻找 SARS 病毒的中间宿主。

　　2003 年 5 月，科学家从野生动物市场出售的果子狸尸体中分离出了冠状病毒，其基因序列与人类 SARS 病毒具有 99.8% 的同源性，这意味着果子狸很可能是 SARS 病毒的中间宿主。此外，科学家在浣熊、貉、獴等野生动物体内均检测出了与人类 SARS 病毒高度同源的冠状病毒。那么，为什么这一次事件，只怀疑果子狸是中间宿主呢？

　　广州曾有四人相继感染 SARS 病毒，其中，有两人分别是同一家餐馆的服务员和顾客，而该餐馆烹饪并出售果子狸，作为"野味"给客人食用。人类捕捉、食用果子狸，使果子狸和人类的接触最为密切，这是果子狸作为中间宿主的直接证据。

　　但在学术界，并不是所有人都认同果子狸是中间宿主的主张。一些科学家认为果子狸并没有传播 SARS 病毒给人类，而有可能是人类将 SARS 病毒传播给了果子狸。

　　果子狸虽然可能携带病毒，但是不会发病，它们在自然界活得好好的。一场 SARS 事件，应当让人类警醒。为了防止滥捕滥杀行为，果子狸已被列入《中国生物多样性红色名录——脊椎动物卷》，其保护级别被评估为近危，同时也被列入了《禁食野生动物分类管理范围》，并禁止以食用为目的对其进行养殖活动。

　　果子狸不是传播病毒的"凶手"，菊头蝠也不一定是 SARS 病毒的原始宿主，寻找病毒源头的工作还在继续，彻底消灭 SARS 病毒还有待全人类的共同努力。

单峰驼：我也是受害者

骆驼分为单峰驼和双峰驼，单峰驼主要分布在北非和西亚地区，双峰驼主要分布在中亚和中国西北地区。单峰驼全世界就只有一种，在体重差不多的情况下，单峰驼比双峰驼高出不少。成年的双峰驼身高普遍在 1.8 米左右，而单峰驼普遍在 2 米以上。相比于双峰驼来说，单峰驼的四肢更细更长，整体看起来要苗条很多。此外，单峰驼比较高大，在沙漠中能走能跑，可以运货，也能驮人；而双峰驼四肢粗短，更适合在沙砾和雪地上行走。

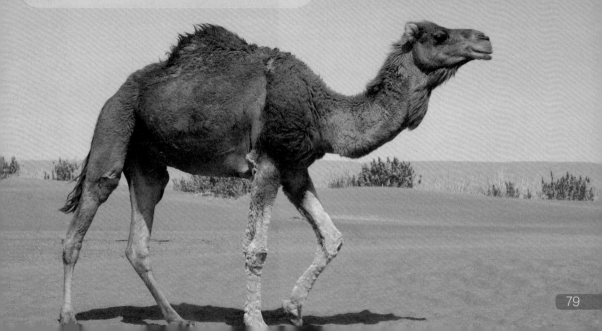

动物小档案

- **学名：单峰驼**
- **门：脊索动物门**
- **纲：哺乳纲**
- **目：偶蹄目**
- **科：骆驼科**
- **属：骆驼属**

骆驼和人类的关系非常密切，骆驼与人类打交道至少也有几千年了。但实际上，骆驼的历史可比人类长多了，单峰驼的祖先早在距今5300万~3650万年的始新世就已经存在于地球上了，那时候别说是人类，就连猿猴都还没出现。

然而，遇到人类之后，单峰驼的家族便开始走向没落了。早在公元前3000年或者更早，单峰驼在阿拉伯半岛地区就开始被人类驯化。考古学者在距今3300~3400年的沉积土中发现了类似单峰驼的遗骸，而单峰驼遗骸数量在公元前675年骤增，从历史记载来看，彼时正值亚述国入侵埃及，据推测，单峰驼在当时可能被用于军事战争。

从此，野生单峰驼"无拘无束"的生活就结束了，与此同时，单峰驼的野性族群也开始一步步走向衰落。人类驯化单峰驼为其搬运货物，或者当作坐骑。此后，单峰驼长时期成为人类畜养的牲畜，持续了几千年。但没想到，人类与单峰驼的亲密接触，使得人类遭受了一场病毒的入侵。

　　2012年，一名沙特阿拉伯男子因呼吸衰竭而死亡，在其痰液中发现了一种冠状病毒，被命名为中东呼吸综合征冠状病毒（MERS病毒）。和SARS病毒一样，MERS病毒也是冠状病毒家族的β型，但MERS病毒传染力弱，而致死率高。根据世界卫生组织数据，截至2019年11月底，MERS病毒总共传染了2494例患者，导致858人死亡，感染相对隐缓，多为人畜共患，且没有大规模传播扩散，其中大部分病患在沙特阿拉伯地区。

尽管 MERS 病毒并没有像 SARS 病毒那样引起国际性恐慌，但是，这种高致病性人畜共患的冠状病毒的出现，显示出了冠状病毒家族对人类的巨大威胁。2017 年，世界卫生组织将 SARS 病毒和 MERS 病毒共同列入优先对待的病原体名单，以激发并促进该领域的深入研究，以及开发针对冠状病毒感染的反制措施。

有科学证据表明，单峰驼是中东呼吸综合征冠状病毒的一大宿主，人类通过与受感染的单峰骆直接或间接接触而受到感染。在埃及、阿曼、卡塔尔和沙特阿拉伯等国家和地区的单峰驼中检出了此病毒，在中东、非洲和南亚地区单峰驼中检出了该病毒的特异性抗体，表明这些动物曾感染此病毒。而病毒的起源，根据对不同病毒的基因组所做的分析，人们认为它可能源自蝙蝠，并在很久之前传给了骆驼。

单峰驼与蝙蝠生活在不同的地方，为什么它们能够传播病毒呢？有科学家表示，人类行为对其有一定影响。人类将单峰驼驯化成家畜的同时，也在拼命挤占其他野生动物的空间，造成许多动物流离失所，其中就包括蝙蝠家族。单峰驼原本是没有机会接触到蝙蝠的，而因人类破坏了蝙蝠的家园，蝙蝠只好在人类居住地生存。和蝙蝠有了接触之后，单峰驼被传播了冠状病毒，而这种病毒在单峰驼的体内又发生了变异，得以传播给人类，引起了中东呼吸综合征。

可见，单峰驼也是受害者。

水禽与禽流感

斑嘴鸭，因其嘴巴的特点而得名，此外，它还有一个文雅的名字叫夏凫，凫就是野鸭，出自《诗经》的"凫鹥在泾"。除了嘴巴的特征外，斑嘴鸭在外形上和普通的家鸭非常相似。斑嘴鸭在我国的分布，西至青海、四川、云南，南至广东、广西和台湾，主要在中国东北、华北地区繁殖，也有部分终年留居长江中下游地区。

动物小档案

- **学名：斑嘴鸭**
- **门：脊索动物门**
- **纲：鸟纲**
- **目：雁形目**
- **科：鸭科**
- **属：鸭属**

▶ 斑嘴鸭

斑嘴鸭的体内含有禽流感病毒。2014 年 10 —11 月，华东师范大学的研究者刘晶博士于浦东东滩湿地采集雁形目水禽 11 种 326 只次，获得咽肛拭样 656 份，阳性率为 40.80%，病毒亚型包括 H5N2、H6N1 和 H4。宿主除了斑嘴鸭之外，还有水禽家族的罗纹鸭、绿翅鸭等 8 种雁形目水鸟。

罗纹鸭

斑嘴鸭体内的禽流感病毒不会直接传染给人类，但是病毒能够在其种间传播，经过变异之后，就可以在人类中大规模传播。

禽流感病毒属于甲型流感病毒，甲型流感病毒存在和流行于多个物种，尽管近年在蝙蝠中也发现了甲型流感病毒的存在，但目前学界还是普遍接受野生水禽是甲型流感病毒的自然宿主这个观点。在通常情况下，病毒受到中间传播障碍的限制，只能在已经适应的物种中流行和传播，但是在一定的条件下，水禽中的甲型流感病毒可能跨种感染岸禽（如鹌鹑和鸡等），岸禽通过动物间的相互作用发生进一步的种间传播，在某些目前我们尚未完全了解的条件下，动物甲型流感病毒可能通过基因突变、进一步适应或重组而打破种间限制，发生人感染，这个过程促进了流感病毒大流行的可能，也就是动物源性的甲型流感病毒通过跨种感染把病毒传播给人类。

▼ 绿翅鸭

全世界有 147 种水禽，我国至少有 45 种，水禽的种群数量和习性不但对保持生态平衡有着重要的作用，而且还为人类提供了重要的经济价值。水禽养殖业是中国的传统产业，由于鸭、鹅等禽类市场需求量大、养殖成本低、周期短，因此该产业取得了突飞猛进的发展。野生水禽是禽流感病毒的"储存库"，因此，人类在养殖的过程中，要遵守规范，制定科学的禽流感免疫程序，防止禽流感病毒在野生水禽与家禽中的种间传播。

　　我们不必因为禽流感而畏惧野生水禽，更不能因此将它们驱逐、捕杀。正确认识水禽，制定科学的预防方法，才是对抗病毒最好的方式。

野生刺猬有些危险

刺猬给人的印象，常常是蜷缩成一个刺球，一动不动，鼻子、眼睛都掩藏起来，这其实是刺猬遇到危险时的反应，它们不善于奔跑，面对天敌的时候，只能把身子蜷起来，凭借身体带刺的盔甲来防御，令敌人无从下口。

动物小档案

- **学名：刺猬**
- **门：脊索动物门**
- **纲：哺乳纲**
- **目：猬形目**
- **科：猬科**
- **属：猬属**

近年来，随着人类活动的增多，野生动物逐渐由野外向城市等人类居住区靠拢，其中就包括野生刺猬。例如远东刺猬，在我国广泛分布于东北、华北及长江中下游地区，经常出没在灌丛、荒地、森林、农田等多种环境中，现在这个家族的不少成员已经成功在人类的城市里定居了。

刺猬蜷缩成"团子"的模样，让许多人觉得很可爱，甚至有些人会将野生刺猬带回家当宠物饲养，这是比较危险的行为。野生刺猬的身上有寄生虫，以蜱虫居多，算是间接携带了新布尼亚病毒，刺猬本身也可能携带狂犬病毒、新疆出血热病毒等烈性传染性病毒。此外，刺猬性格孤僻，喜欢独来独往，体味和排泄物的异味很大，因此科学家们不建议人类与刺猬过分亲密接触，但这并不妨碍我们深入了解这种小动物。

★★★★★★

新布尼亚病毒是 2010 年中国疾病预防控制中心分离并确认的一种病毒，该病毒引起的疾病被命名为发热伴血小板减少综合征，该病轻症患者多可自愈，重症患者常表现为多脏器功能障碍，甚至多脏器功能衰竭。

目前来看，这一病毒主要由蜱虫传播，且可以治疗，病死率很低，通过人与人之间传播的几率相对较小。

微信/抖音扫码
添加AI动物翻译官
☑ 动物解码大师
☑ 动物百科讲解
☑ 动物常识测试
☑ 动物高清大图

刺猬身上长有刺，这种刺是角质蛋白，如同人类指甲的成分。不同种类的刺猬，体型大小不一，身上的刺也不一样。一般来说，一只成年刺猬大概有16000~17000根刺，每根刺的直径只有1毫米。刺猬虽然一身尖刺，但其实它们的胆子非常小，很少主动用身上的刺攻击其他动物。平日里，刺猬主食昆虫、蠕虫、软体动物，以及植物的叶片、果实等，偶尔也会捕捉一些小蛇打打牙祭。别看刺猬个头儿不大，它们可是著名的"大胃王"，尤其是夏秋季节，往往一个晚上就能吃相当于体重一半甚至更多的食物，到了冬季，就进入冬眠期了。

很多人替刺猬担心，它们身上长满硬刺，出生的时候，刺猬妈妈岂不是很痛苦？其实，刺猬身上的刺并非一出生就有。刺猬刚出生的时候，身上长有类似鳞片的角质物，这些"鳞片"就是刺的原型。随着生长，"鳞片"从皮肤下萌出，不断长长、变硬，就形成了刺。

除了进行防御，刺猬的刺还具备"隐身"和搬运的功能。刺猬身上棕黄色的刺，从远处看活像一堆枯草，有时它们还将落叶附在身上，可以巧妙地和周围环境融为一体，使得天敌难以发现。刺猬外出觅食时，还可以把吃不完的食物戳在身上，"打包"带回巢中享用。

人类是能够与刺猬和谐相处的，刺猬能为人类做很多事情，比如帮人类杀灭自然界的诸多害虫。此外，刺猬自身的特征还可以为人类提供仿生学的灵感。美国宇航局曾以刺猬的身体构造为灵感，开发了"刺猬探测器"，这个直径不到半米的太阳能机器人，外形酷似周身布满尖刺的刺猬，能够在低重力的环境下"行走"，以便收集火星表面的土壤和岩石等标本。

人类对于野生动物的反思
——"动物翻译官"小问答

2020年2月24日，十三届全国人大常委会第十六次会议举行闭幕会，会议表决通过《全国人民代表大会常务委员会关于全面禁止非法野生动物交易、革除滥食野生动物陋习、切实保障人民群众生命健康安全的决定》，提出了六项具体落实措施。

一是全面落实野生动物保护法律法规。严格落实野生动物保护法及水生野生动物保护实施条例中关于禁止猎捕、交易、运输、食用水生野生动物的规定，对违反规定的在现行法律基础上加重处罚。

二是加快制定畜禽遗传资源目录。根据《中华人民共和国畜牧法》的规定，将比较常见的家畜家禽（如猪、牛、羊、鸡、鸭、鹅等）等列入畜禽遗传资源目录，依照畜牧法的规定进行管理。

三是加快推动水生野生动物目录修订。加强与国家林草局沟通协调，进一步明确水生野生动物和陆生野生动物的相关目录范围。按照《决定》规定，鱼类等水生野生动物不列入禁食范围，按照渔业法的规定进行管理。

四是严格非食用性利用野生动物审批和检验检疫管理。对按照野生动物保护法、中医药法、实验动物管理条例、城市动物园管理规定等法律法规和国家有关规定，因科研、药用、展示等特殊情况非食用性利用野生动物的，依法依规实行严格审批和检疫。

五是加强执法监督。健全执法管理体制，明确执法责任主体，落实执法管理责任，加强协调配合，加大监督检查和责任追究力度，严格查处违反《决定》和有关法律法规的行为；对违法经营场所和违法经营者，依法予以取缔或者查封、关闭。

六是开展普法宣传。组织动员社会各方面，广泛宣传、正确理解《决定》出台的重要意义和主要内容，大力普及生态环境保护、公共卫生法律法规和科学知识，为《决定》和有关法律法规的贯彻实施创造良好环境。

人类从古至今经历了一次次病毒的入侵，面对疾病和疫情，我们要重新审视人类与野生动物的关系。

Q：什么是野生动物？

A：所谓的野生动物是与驯化动物相对应的。从根源上讲，所有的驯化动物都来自野生动物。在人类长期的驯化中，这些野生动物改变了原有的生活方式、行为习性，成为家养或者工业化养殖的动物，比如我们熟悉的猪、鸡、鸭、牛等。

Q：为什么不能吃"野味"？

A：从生态安全的角度考虑，野生动物携带大量病毒，且这些病毒对人类比较陌生。比如我们熟悉的蝙蝠，不仅是冠状病毒的主要宿主，也是许多病毒的自然宿主，包括埃博拉病毒、马尔堡病毒、狂犬病毒、亨德拉病毒、尼帕病毒等。此外，旱獭体内含有鼠疫杆菌，是鼠疫的罪魁祸首。这些野生动物身上携带的病毒，对动物本身不一定造成危害，但可以给人类带来重大灾难。

从生物多样性的角度考虑，已驯化的动物可以实现大规模的繁殖，食用这些动物不会造成其种群灭绝。而相比之下，野生动物比较脆弱，大规模食用不仅增加人类感染病毒的风险，还会造成野生动物种群灭绝，进而引发更严重的生态危机。现存的养殖动物已经足够满足人类的饮食需求，没有必要把"口"伸进野生动物群体中。

Q: 也就是说，被驯化的动物可以安全食用了吧？

A: 不能这么说。并不是说驯化的动物身上没有病毒就绝对安全，只是这些动物与人类打交道的历史比较悠久，人类有更多的防护措施。如今，我们依然要警惕野生动物身上的病毒传播给驯化动物，继而传给人类，比如禽流感病毒就可以通过野外的禽类传给家禽，所以人类在养殖期间要做好检测和防护。

Q: 人类是不是应该离野生动物远远的，不再驯化它们了？

A: 人类其实一直都在驯化野生动物，过去能够驯化，现在随着科学技术的发展自然也能。比如现在的水产养殖，也是在不断驯化野生鱼类。个人建议当前对于野生动物的驯化，能减少就减少，除非是能够产生重大的经济、社会、科学价值的动物。比如，现在有人工饲养的野猪，野猪已被列入"三有"保护动物（有益、有重要经济价值及科学研究价值的野生动物）的名单，在一定条件下可以人工饲养。

Q: 海洋动物也属于野生动物吗？不可以再捕捞野生的海洋动物吗？

A: 海洋动物中，除了人工养殖的，自然都属于野生动物。人类所需的蛋白质有 17% 来自海洋。人类拥有悠久的捕捞历史，海洋捕捞属于传统农业的范畴。水产对人类影响巨大，无法禁止，因此国家出台的《决定》中说"鱼类等水生野生动物不列入禁食范围"，但这并不意味着人类可以肆无忌惮地捕捞食用海洋或河流中的水生野生动物，我们还有关于渔业的法律，对此有许多细致的规定。

A： 人为什么不能食用野生动物？这是一个值得深入思考的问题。你可能会说："这个问题已经回答过了呀，因为野生动物携带病毒，可能会传播给人类。"话是没错，但这只是最浅显的认识。如果人类有一天技术足够发达，或者医疗水平足够高，可以避免食用野生动物带来的危害，那个时候是否就可以毫无顾忌地食用野生动物了呢？

如果不能深层次思考人与野生动物的关系，仅仅是因惧怕感染病毒而不食野味，这种认知是远远不够的，原因是没有深刻理解人与动物之间的关系！

人类活动在各个层面上影响着物种的多样性，人类活动对物种栖息地的破坏，产生的危害和影响远非吃野味可比。诸如过度捕捞、资源开采、城市建设、农药使用等等，都会直接破坏野生动物栖息地，间接导致物种数量的减少。因此，仅仅不食野味是不够的，还需要保护野生动物的自然栖息地。

因人类活动造成的栖息地破坏，使得大批野生动物流离失所，面临灭绝的风险。以我所研究的灵长类动物为例，当前不可持续的人类活动是导致非人灵长类物种濒临灭绝的主要原因，其中60%的非人灵长类动物正面临物种灭绝的威胁，75%的种群数量正在减少。而灵长类动物是整个动物界中与人类亲缘关系最为接近的，我们与黑猩猩的基因相似度可达98.5%。相比于其他动物，灵长类动物

身上携带的病毒更容易传给人类，比如艾滋病病毒。人类应该保持与这些野生动物的距离，不去干扰其正常的活动，更不要去侵犯它们的生存环境。

人类应该以平等的态度对待动物，甚至应该感激野生动物，是它们的存在帮我们抵御了很多病毒的入侵，它们是保护我们健康的生态长城。

野生动物是物种多样性的重要组成部分，在生态系统中发挥着不可或缺的作用。生态学中有个概念名为"稀释效应"，指的是个体所在的群体越大，群体中每一个体被猎杀的机会就越小。我们不妨将病毒看作"杀手"，人与动物就是"猎物"，我们可以根据稀释效应推断出：物种多样性越高，人与动物感染疾病的风险就越低，维持物种多样性，可以降低人类感染疾病的风险。物种多样性越高，生态系统就会越稳定，人类从稳定的生态系统中获得好处，这就是"生态系统服务功能"。

总而言之，人与野生动物、植物、微生物是一个命运共同体，共同组成了地球上的生物圈，成为生态系统的一部分。完整的生态系统可以确保人类的健康和安全，生态系统遭到破坏，人类也会遭受灾难。维持生物多样性、确保生态系统的安全和稳定，才是对"人与野生动物的关系"最为深刻的理解。

图书在版编目（CIP）数据

你好，动物翻译官 / 赵序茅著 . —广州：广东人民出版社，
2024.8

（明见·少年科学教育系列）

ISBN 978-7-218-17438-9

Ⅰ.①你… Ⅱ.①赵… Ⅲ.①动物—少年读物 Ⅳ.
① Q95-49

中国国家版本馆 CIP 数据核字（2024）第 057059 号

NIHAO, DONGWU FANYIGUAN

你好，动物翻译官

赵序茅 著

出 版 人：肖风华

责任编辑：李力夫
责任技编：吴彦斌
装帧设计：WONDERLAND Book design
　　　　　仙境 QQ:344581934

出版发行：广东人民出版社
地　　址：广州市越秀区大沙头四马路 10 号（邮政编码：510199）
电　　话：（020）85716809（总编室）
传　　真：（020）83289585
网　　址：http：//www.gdpph.com
印　　刷：三河市中晟雅豪印务有限公司
开　　本：787mm×1092mm　1/16
印　　张：30.5　字　数：360 千
版　　次：2024 年 8 月第 1 版
印　　次：2024 年 8 月第 1 次印刷
定　　价：168.00元（全 4 册）